人一生不可不防的人生错误

人一生不可不防的
人生错误

夏志强　编著

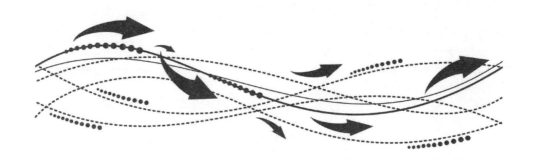

光明日报出版社

图书在版编目（CIP）数据

人一生不可不防的人生错误 / 夏志强编著 . -- 北京：光明日报出版社，2011.6
（2025.4 重印）

ISBN 978-7-5112-1142-2

Ⅰ.①人… Ⅱ.①夏… Ⅲ.①人生哲学—通俗读物 Ⅳ.① B821-49

中国国家版本馆 CIP 数据核字 (2011) 第 066679 号

人一生不可不防的人生错误

REN YISHENG BUKE BUFANG DE RENSHENG CUOWU

编　　著：夏志强

责任编辑：温　梦　　　　　　　　　责任校对：映　熙
封面设计：玥婷设计　　　　　　　　责任印制：曹　净

出版发行：光明日报出版社

地　　址：北京市西城区永安路 106 号，100050

电　　话：010-63169890（咨询），010-63131930（邮购）

传　　真：010-63131930

网　　址：http://book.gmw.cn

E - mail：gmrbcbs@gmw.cn

法律顾问：北京市兰台律师事务所龚柳方律师

印　刷：三河市嵩川印刷有限公司

装　订：三河市嵩川印刷有限公司

本书如有破损、缺页、装订错误，请与本社联系调换，电话：010-63131930

开　本：170mm×240mm

字　数：190 千字　　　　　　　　　印　张：15

版　次：2011 年 6 月第 1 版　　　　　印　次：2025 年 4 月第 4 次印刷

书　号：ISBN 978-7-5112-1142-2-02

定　价：49.80 元

前　言

　　人的一生中总是会犯下各种错误，表面上看，错误似乎是在所难免的。其实，很多错误都来自我们日常生活中的一些细节，诸如一个坏习惯，诸如不努力，诸如性格上的冲动，诸如懒惰的心理，诸如一时的贪婪……

　　在现实生活中，我们常常听到人们发出种种感慨：如果我青少年时期没有荒废学业，下功夫学习，现在也不至于一事无成；如果当初恋爱时我果断地与他分手，婚姻也不至于闹到今天这种不可收拾的地步；如果当初我没有沾染上赌博、酗酒等恶习，生活放纵，现在也不至于债台高筑、身败名裂；如果当初我没有介入办公室的矛盾中，没有因之影响自己的职业前程，现在可能已经升任某大公司的高层主管人员了……

　　人们之所以会犯下各种错误，是因为没有对错误予以足够的重视和警惕，及时采取措施加以预防和规避，以至悔恨不迭，遗憾终生。有的人甚至明知自己犯了错误，却没有决心和毅力加以改正，以至于在错误的路途上越滑越远，步入歧途，就此毁掉一生。

　　在这个充满变化与发展的社会里，我们更需要对一些重大错误"防患于未然"。人生道路上，难免有要面对错误的陷阱，但更应看到生活中还存在着化险为夷的人生哲理。人没有一生都不犯错的，可有些错误却是一次都不能犯，因为犯了之后连修正的机会都没有。前车之覆，后车之鉴，有些错误会对你的人生造成消极的影响甚至无法挽回的损失，让你永远也达不到成功的彼岸。

　　本书通过精心整理，列举了人一生要规避的错误，涵盖了人生的方方面面，从而指导你对自己的言行做出正确的抉择。阅读本书可以使你从他人所犯错误的事例上吸取教训。你大可不必以身试错而让自己付出很大的代价，发生在别人身上的错误虽远不如发生在自己身上那样教训深刻，但你还是要力避重蹈别人的覆辙。要时刻提醒自己，这种错误能发生别人身上，同样也有可能发生在自己身上。不管那些错误你是不是犯过，都应该引起足够的重视和警觉。每接受一次教训，就能避免人生的一次错误，就能少走一步弯路，就能向成功迈进一步。

　　勇敢地面对错误、正视错误、纠正错误、规避错误，会使你变得成熟、坚强和智慧，如果顺利绕开人生之路上的陷阱和暗礁，就能成就幸福完美的人生。

目　录

青少年时期荒废学业

——学业荒废将导致前途渺茫，人生黯淡

◎讨厌指数：★★★

◎有害度指数：★★★★

◎规避指数：★★★★

【特征】

1. 不爱学习，缺乏管教，敌视学校的约束，早早告别课堂。

2. 对学习没有兴趣，说谎、逃学、旷课，成绩落后，最后中断学业。

3. 陷入网络、电子游戏、物质享受之中而不能自拔。

　　常听人们这样说：心态决定成功，细节决定成败……却极少有人提及青少年时期荒废学业与成功的关系。大量的成功事例表明：人的学识决定智商。智商是成功的关键，而智商的高低优劣又取决于青少年时期的学习，它与这一阶段所打下的知识基础有着密不可分的联系。

　　人到中年时常会有这样的感慨：悔不该在青少年时期没有认真学习，荒废了大好青春和学业，以至于到现在还一事无成。也有人由衷地感叹：

青少年是就像花朵，学习就是阳光雨露，如果少了这光和雨，那花儿就无法生长。无论是哪种感触，道出的都是同样一个人生道理，那就是：青少年时期学习非常重要。更有人这么断言：如果青少年时期荒废学业，就不可能有所作为，更谈不上在日后出类拔萃。

北宋著名大臣王安石，学问大，文章写得也好。有人向他讨教学习的诀窍，他说："就是不断地学习，任何时候都别耽搁自己对学问的追求。"

王安石在少年时期就有远大的志向，为了实现自己的理想，他对自己严格要求，无论遇到什么事情、什么困难，他都不耽误当日的学业。

有一次，王安石病了，年少的他躺在床上还在坚持看书。当大夫劝他休息时，王安石说："病可以不愈，但是书不可不读。如果一日不读书，我就会落后于别人，我的心就不舒服。我的前程全靠读书来赚取，所以不敢怠慢。"少年时期的勤奋好学为王安石日后的发展打下了坚实的基础。

王安石说：人生一世，就应该建功立业，报效国家，名垂青史。这样为人，才不虚度此生。的确，在竞争日趋激烈的现实环境中，一个人的学识越来越成为谋生的重要手段。我们何不趁青春年少努力学习，为今后的事业打下坚实的基础呢？

当今世界，科技飞速发展，知识的作用显得越来越重要。无论是集体还是个人，参加工作及参与竞争都需要有丰富的知识作铺垫。而这知识的积累，和青少年时期的学习息息相关。青少年时期是人生非常重要的一个环节，如果在这一时期将知识的基础打牢，日后就会走向金碧辉煌的知识殿堂，一步步迈向成功之巅。反之，前途则会黯淡无光。

古往今来，有许多人都是因为"少壮不努力"而"老大徒伤悲"。也有许多人通过"悬梁刺股"、"凿壁偷光"、"囊萤映雪"等办法在逆境中勤奋刻苦学习，而使自己摆脱贫困、飞黄腾达，尽享成功的喜悦。年轻时不注重学习，把大好的时光浪费在吃喝玩乐之中，在当时也许感觉不到问题的严重。但是随着年龄的增长，等到了中老年就会知道不学习所造成的损失，到时候悔之晚矣。

明朝皇帝朱厚照，少年时非常聪明，老师教他的东西他总能很快学会。如果继续努力，日后他一定会成为一个很有作为的皇帝。可惜，他却误入

歧途，早早荒废了学业，终因沉溺于声色犬马而英年殒命。

开始时，他学习十分刻苦，因此得到人们的普遍赞誉。但是没过多久，由于受刘瑾、谷大用等一群谄媚太监的熏染，他就放弃了学习，专营起吃喝玩乐了。

太监刘瑾是阿谀奉承之人，他专门侍奉朱厚照。此人知道朱厚照是太子，是未来的皇上，认为只要博得太子欢心，自己将来就是功臣。他不愿让朱厚照随儒臣学习，而是经常用一些闲杂事情故意打断老师的讲读，而这也正合朱厚照之意。枯燥的学习，哪里有嬉戏游乐、骑射、放鹰逐犬等游戏过瘾。日子一久，朱厚照渐不如前，学习时时停废。

刘瑾每天都变着法地哄着年幼的朱厚照玩，他每天都弄一些奇特的玩具来哄逗朱厚照。在刘瑾的引导下，朱厚照玩得越来越离谱，并且还整日沉溺于女色不能自拔，对学习的兴趣越来越淡，最后彻底放弃学习了。

朱厚照如此荒唐的行径，可急坏了当朝的大臣们。他的父皇孝宗皇帝看见天资聪颖的儿子不学无术，十分痛心。有一天，孝宗皇帝把朱厚照找到身边，语重心长地说："皇儿，你玩心甚重，就不能在学习上多下点功夫吗？"

朱厚照回答："我对学习不感兴趣。"

孝宗皇帝就让朱厚照的老师给他讲不学习的危害，而朱厚照根本听不进去。气得孝宗皇帝直摇头："孺子不可教也，你这样荒废学业，迟早有一天会后悔的，天下也会断送在你的手上！"

孝宗皇帝临死前，还是对朱厚照不放心。他对身边大臣们说："太子颇聪颖，但年尚幼小，性好逸乐，吾甚是担心，希望你们好好辅佐他。"

孝宗皇帝去世后，15岁的朱厚照即位，称正德皇帝，开始了他的帝王生涯。然而，人们完全可以想象这个皇帝的日后所为会是一个什么样子。他的父皇孝宗皇帝还不错，按照龙生龙凤生凤的道理，这个正德皇帝也应该差不到哪儿去。然而，从小不学无术的正德皇帝朱厚照让人大失所望。他不以国事为重，而是以一种玩心对待国事，把国事视为"儿戏"，照样纵情娱乐，起居无常，荒于政务，让刘瑾专权，陷害忠良，使得朝廷灾难不断，人民苦不堪言，社会开始动荡。朱厚照在骄奢淫逸和担惊受怕

中活了不到 21 岁就死了。然而，这又能怪谁呢？不都是他自己造成的恶果吗？

唐朝宰相张文瓘，少年时期虽然饱经隋末唐初战乱的流离之苦，但他并没在战乱之中荒废学业，而是在流亡途中博览群书，日夜苦读经史子集，文韬武略无所不通。唐太宗李世民登位之后的贞观初年。张文瓘也已成长为有才华的有志青年。他立志报效祖国，通过明经科考试，被补作并州参军，从此步入了仕途。后屡经升迁，成为朝中的宰相。

从上面两个正反对比的例子可以看出：大到一个皇帝，小到一个百姓，年轻时期对学业的追求都是同等重要的。有人这么说："少年好学，如初升的太阳；青年好学，如日当空；晚年好学，犹如秉烛夜行。"那么，我们又何必非要等到秉烛夜行？为何不趁年轻时节，勤奋学习呢？

青少年时期是人生的重要阶段，无论是身体还是智力，都处于最佳的状态。这个时期的学习，就像楼房的基石一样非常关键：少年时期正是人生打基础的时期，如果根基打不牢，人生的大厦就建不高，甚至会坍塌。

日子一天天地飞过，光阴似箭。从孩提时候的嗷嗷待哺，到青少年时期的学业完成，中年时期的事业奋斗，老年时期的老有所养，人的一生就这样很快走完了。但是，有些青年人却没有意识到这一点，他们并不懂得学业是自身价值的体现，以后学业的竞争甚至可能是决定事业的唯一出路。他们觉得苦行僧似的读书是受罪，对学习没有任何兴趣，而把大好的时光浪费在无聊的游戏之中。

网络游戏就是其中典型的一种。

青少年上网，是有益还是无益呢？有专家发表言论说，互联网是一柄双刃剑，它对青少年的影响既有其积极的一面，也有其消极的一面。随着时间的推移，负面影响日益凸现出来。有些青少年因为沉迷于网络难以自拔而荒废了学业，令家长和学校非常担忧。

这是一个真实的故事：

在东北某城，有一个高一男生，他聪慧开朗，学习成绩一直名列前茅，中考成绩还是全班第一。但是后来，这个男生的成绩一再下滑。父母很着急，

也弄不清是怎么回事，便找到儿子的班主任询问原因。老师也说不出个所以然来，只是告诉他们，男孩还经常旷课。父母又气又纳闷儿。经过细心观察，他们发现儿子的行踪越来越诡秘，常常很晚才回家，还经常找借口向家里要钱。父亲决定跟踪儿子，弄个明白。

这一天，男孩拿着刚要来的钱离开家的时候，父亲就悄悄地跟在他的身后。当他看见儿子走进了一家网吧时，他才恍然大悟：原来儿子迷上了网络，他整天沉浸在网络游戏中了。

父亲冲进网吧，将逃学的儿子揪回家中。他本想揍儿子一顿，但还是忍住气愤，与孩子促膝长谈，告诫他作为一名高中生，不能整天泡在网吧打游戏从而荒废学业。面对父亲的谆谆教诲，儿子哭了，并保证再也不去网吧打游戏了。

儿子又重新正常地学习了，父母十分高兴。然而，没过几天，男孩又偷偷钻进了网吧。因为那些网络游戏早已像鸦片一样侵入了他的内心，使他不能自拔。而且，这次更严重，男孩发展到夜不归宿的地步。父亲将儿子狠狠地揍了一顿，结果不但没有解决问题，反而使儿子的态度更加强硬。他说："爸，我已经对学习没有丝毫的兴趣了，就这样破罐子破摔了，你最好别管我也别烦我。你和我妈再管我，我就失踪，让你们永远找不着我。"

父母怕儿子真的离家出走，一时也想不出什么好的办法，就把男孩锁在房里，不许他出门。父母的这一举动惹怒了儿子，他一怒之下，撬窗而走。这一下子，可把父母急坏了。他们和亲戚四处寻找，几乎把那个小城翻了个遍，还是没有男孩的影子。

心急如焚的母亲没了主意，在深夜泪流满面地等待儿子回家，内心痛苦到了极点，不久就因突发性心脏病而去世了。父亲也绝望了，面对妻子的离去，伤心之下，服安眠药自杀。

当男孩从外地的报纸上看到这篇报道后，痛哭流涕，可是悔之晚矣。周围的人无不为之痛心：早知现在何必当初呢？

玩电脑游戏需要大把的时间，这样势必会使用来学习的时间大大地减少。除非是不用学习一看就会的天才，就一般人而言，如果不抓紧时间，

学习成绩怎么可能不下降？学业又怎么会不被荒废掉呢？

不只是网络游戏，其实，因沉湎于某种无聊的事情而荒废学业的情况还很多，比如早恋。

对于学生早恋问题，虽然不同的人有不同的看法，但是，早恋对学习有不好的影响是肯定的。因为早恋会分散注意力，耽误时间。许多宝贵的时间都浪费了，哪还有时间学习呢？

青少年时期荒废学业的原因还有很多种，但是无论是哪种，关键还是要靠自己去矫正。俗话说："打铁还需自身硬。"我们每个人日后生活的好与坏，都是自己规划的结果。而青少年这个时期，正是关键所在。一个人，无论日后做什么事情，最终还是要靠自己的真才实学，而这些本领并不是与生俱来的，而是需要通过不断的努力和学习获得的。一个人最怕放松对自己的要求，因某种原因而放弃对学业的追求，这样做必然会与很多成功的机会擦肩而过，让人遗憾终生。从这个意义上讲，青少年时期荒废学业，就是对自己人生的一种犯罪。

〉〉怎样规避青少年时期荒废学业的错误

● 用名人成功的事例告诉不学习的学生，青少年时期学业与今后生活、事业的利害关系，帮助他们树立正确的学习观念，激发他们学习的积极性，让他们明白青少年时期努力学习的重要性。

● 家庭和学校要切实了解、重视青少年的心理需求，提高学生自我控制的能力。

● 任何事情都有一个度。无论是网络游戏，还是别的任何事物，都不要陷得太深，要有自控能力。

● "近朱者赤，近墨者黑。"远离那些不爱学习的同学，如果与这样的人长期待在一起，你也会在不知不觉中被熏染，成为怠慢学问厌倦学习的人。

没有人生目标，得过且过

——一个人没有了生活目标，便会失去进取的动力，生活也会
变得索然无味，无异于行尸走肉

◎讨厌指数：★★★
◎有害度指数：★★★★★
◎规避指数：★★★

【特征】

1. 不知道明天会怎样，工作不积极主动，甚至敷衍了事。
2. 对未来没有打算，得过且过，生活中缺乏情趣，懒惰、疏忽、萎靡不振。
3. 盲目从众，随波逐流，每天庸碌无为地混日子。

　　在人生的旅途上，没有目标就好像走在黑漆漆的路上，不知该往何处
去。权威机构一份统计结果显示：一个人退休后，特别是那些独居老人，
假若生活没有任何目标，每天只是刻板地吃饭、睡觉，虽然生活无忧，但
是他们后来的寿命一般不会超过 7 年。

　　有一个猎户，养了一条猎狗和一只兔子。

一天，猎狗将兔子赶出窝，然后自己在后面追赶，追了很久仍没有追上。牧羊犬看到此种情景，讥笑猎狗说："你们两个之中小的反而跑得快。"

猎狗回答说："你不知道我们两个跑的目的完全不同吗？我仅仅为了一顿饭而跑，它却是为了性命而跑啊！"

这话被猎人听到了。猎人想：猎狗说得对啊，那我要想得到更多的猎物就得想个好法子。

于是，猎人又买来几条猎狗，给它们制订了目标：凡是能够在打猎中捉到兔子的，就可以得到几根骨头，捉不到的就没有饭吃。这一招果然有效，猎狗们纷纷努力地去追兔子，因为谁都不愿意看着别人在吃骨头，自己却饿着肚子。

就这样过了一段时间，问题又出现了。由于大兔子非常难捉到，而小兔子则相对好捉些，但捉到大兔子得到的骨头和捉到小兔子得到的骨头差不多。猎狗们善于观察，发现了这个窍门，就专门去捉小兔子。

猎人对猎狗说："最近你们捉的兔子越来越小了，为什么？"

猎狗们说："反正没有什么大的区别，为什么费那么大的劲儿去捉那些大的呢？"

猎人经过思考后，决定不再将分得骨头的数量与是否捉到兔子挂钩，而是每过一段时间就统计一次猎狗捉到兔子的总重量，然后按照重量来评价猎狗，决定一段时间内的待遇。于是猎狗们捉到的兔子的数量和重量都增加了。

这则小故事告诉我们：生活本身就是目标。人每时每刻都要有自己的一个目标，因为目标是一杆利益的旗帜，它指引人们向前，激励人们去拼搏。目标决定你将成为一个什么样的人。

由此可见，目标对于一个人来说有多么的重要。

体育明星姚明这样说："人有目标，跑得就快；没有目标，跑得就慢。我之所以能有今天的成绩，与每一个目标都有关系，目标决定我的人生。"

姚明的话发人深省，而现实生活中，又有多少人能真正像姚明那样，做到有自己的人生目标呢？常常能看到这样的人，他们整天想干一番事业，

决心也蛮大的，但具体干什么却不知道，几年过去了还是一事无成。这种人还说得过去，最让人鄙夷和担心的，是那种没有人生目标、得过且过之人。

最近在网上看到这样一则消息：某大学对在校的大二学生进行了一项关于人生目标的调查，结果显示：75%的学生没有明确的目标。有个男同学还这样写道：老师让我们每人写一份自己的人生目标，我很迷茫，不知道怎么写，我什么兴趣也没有，真不知道怎么树立自己的人生目标，有谁能帮我确立人生目标啊！

还有的同学这样写道：我天天坐在教室里，足不出户，找不到自己的目标。看着同学们一个个都去发展了，我很着急，但就是找不到目标。我都不知道做什么好了，也懒得去做。

可以想象出这些同学的心理处于一个什么样的状态。没有目标的人，他们的人生就像一杯白开水，索然无味。他们缺少策划人生的主动意识，不懂得积极地创造机会，不懂得自己的人生需要精心设计目标，而是整天混日子，走一步看一步，生活懒散，把命运寄托于上天，得过且过，生活态度十分消极。这样的人，他们整个人生的质量都大大地降低了，更谈不上成功了。有些人没有目标，是因为他们不敢接受改变，与其说他们安于现状，不如坦白一点，就是没有勇气面对新环境可能带来的挫折与挑战，这些人最终只会一事无成！

楚汉相争之时，韩信为刘邦独当一面，建立了不少的功绩。韩信在作战上很有才能，可他对自己的将来并无过多地考虑，没有一个明确的目标。刘邦为了利用韩信，就封他为齐王，他高兴得几天都没有睡好觉。他为自己能拥有这样的地位而感到心满意足。结果，他在刘邦被项羽围困在荥阳的危急时刻，骂走了项羽派来劝说的使者武涉，不理睬项羽要和他联合打刘邦的想法，而应刘邦请求去为之解围。

谋士蒯通得知此事后，深为韩信惋惜，对他说："一个人的命运不能全靠上天决定，你以后有什么长远的打算啊？"

韩信含含糊糊答不上来。

蒯通说："我这个人会看相。从你的面相看，你以后最高也只不过是

一个侯爵，而且又面临风险。不过，从你的背相看来，你就贵不可言了。你为什么不重新审视自己，有更大的进取呢？"

韩信请蒯通细谈。蒯通不想隐瞒，就直接劝说韩信脱离刘邦，自己独立。他说："你现在兵力雄厚，你帮助刘邦则刘邦胜，你帮助项羽则项羽胜。如果你自己成一股势力，天下三分的局面就会形成。这是天赐的良机，万万不可错过啊！"

尽管蒯通说破了嘴皮子，韩信还是拒绝了他的建议。蒯通十分失望，他对韩信说："一个人不考虑利弊，不追求大的目标，以后的事就难以把握了。你做事不想将来，不为自己的以后谋划，没有制订好人生的目标，你的前途实在令人担忧啊！"

果然如蒯通所说，天下安定之后，韩信被废去王位，降为淮阴侯，后来又被吕后杀死。

韩信对刘邦没有做出正确的判断，自己没有制订一个长远的目标，处处盲目，结果以失败而告终。

人生不能没有目标。如果人生没有目标，那么人就会像个无头的苍蝇一般。也许有人会把不给自己设定目标、得过且过美其名曰"顺其自然"，这种生活表面看起来很舒服安稳，但是等老了以后，你再回首过往，会觉得白活了这一生。

事实上，随波逐流、缺乏目标的人永远不会淋漓尽致地发挥自己的潜能。因此，我们一定要做一个目标明确的人，这样生活才有意义。然而不幸的是，多数人对自己的愿望仅有一些模糊的概念，而只有少数人会贯彻这一概念。

美国作家福斯迪克说得好："唯有在专心一意、勤奋不懈于目标之时，才可获得成功。"下面不妨让我们一起看看"赖嘉的故事"。

赖嘉随父母迁到亚特兰大市时，年仅 4 岁。他的父母只有小学五年级的学历，因此当赖嘉表示要上大学时，他的亲友大多不支持，但赖嘉心意已决，最后果真成为家中唯一进大学的人。但是一年之后，他却因为贪玩导致功课不及格而被迫退学。在接下来的 6 年里，他过着得过且过的生活，毫无人生目标。他多半时间都在一家低功率的电台担任导播，有时还替卡

车卸货。

有一天，他拿起柯维的成名作《相会在巅峰》阅读。从那时起，他对自己的看法完全改变了，他发现自己有非同寻常的能力。重获新生的赖嘉，终于了解到了目标的重要性。

的确，目标决定我们的将来。每个人的生活目标不同，人生意义也就不同。有的人想成就一番事业，有的人想让亲人、朋友、爱人健康幸福。但不管怎样，只要有目标就好。人活着虽不需有多大的抱负，但是，最起码的人生目标还是应该有的。如果连最基本的人生目标都丧失了，那么他和行尸走肉又有什么不同呢？

一个人活在世上，最要不得的是无所作为。在有关人的命运和成败的事情上，若不主动进攻，及时地给自己设立目标，那么他只能一辈子碌碌无为。

TOM.COM 第六期创业故事请来嘉宾 Linklist 的 CEO 许智凯先生，请他给大家谈谈如何创业。主持人这样问许先生："您认为您最大的成功是什么？"

许智凯这样回答："就是把自己的目标实现了。"

可以这么说，成功就是既定目标的实现。没有目标，就无所谓成功。

1952 年 7 月 4 日清晨，在美国卡塔林纳岛上，一位叫弗罗伦丝·查德威克的妇女跃入太平洋，开始向加州海岸游去。要是成功的话，她就是第一个游过这个海峡的女性。

那天早晨雾很大，海水很凉，冻得弗罗伦丝·查德威克全身发麻。还有几次，鲨鱼靠近了她，都被护游者开枪吓跑了。15 个小时之后，查德威克又累又冷，感觉自己不能再游了，于是想上船。她的教练告诉她这里离海岸已经很近了，她不应放弃。但她朝前面的海岸望去，除了浓雾什么也看不到。她坚持不住了，几十分钟后，让人把自己拉上了船。

弗罗伦丝·查德威克上来之后才知道，她上船的地点离海岸只有半英里了！她后悔极了。事后她对记者说："如果当时我能看见陆地，也许我就能坚持下来。"

这个故事说明：要想获得成功，就必须有一个清晰明确的目标，目标

是催人奋进的动力。

　　树立目标对一个想成功的人来说是极为重要的。人生在世，需要有一个又一个的目标并为之不懈地奋斗。芸芸众生中，有人成功了，有人失败了。成功者与失败者之间的差别就在于，成功者的成功是他树立了远大的目标，并坚持不懈地为实现目标而努力的结果；而失败者的失败是因为他往往没有目标，"做一天和尚撞一天钟"，从来不考虑自己要做什么，所以离成功越来越远。

　　所以，确定一个明确的人生目标至关重要。人们需要真正的目标，有目标远远胜过盲目地忙碌。目标值得人们投入热情、精力和其他的东西，因为有目标就有收获。走得最慢的人，只要不偏离目标，总会比没有目标乱跑的人更早到达理想的彼岸。

〉〉怎样规避没有人生目标，得过且过的错误

● 要将自己的人生目标明确下来。设立的目标要像靶子一样，清清楚楚地摆在那里。如果目标含糊不清，就起不到指引人生的作用。

● 目标要留有余地。就是在实现目标的时间安排上，不要过急、过满或过死。

● 实现目标，一定要有坚持不懈的精神。计划在某一时间里做的事，如果遇到某些干扰无法完成，也不必气馁。要坚持不懈、持之以恒，切不可"三天打鱼，两天晒网"，否则一切计划都将白费。

● 要懂得，人生的大目标可以分为若干小目标，成功是由一个又一个的目标的实现而堆积起来的。目标是阶段性的，应先制订近期目标，然后逐一去实现。

交 友 不 慎

――结交一个坏朋友，就好比身上长出一个随时可能发病的毒瘤

◎讨厌指数：★★
◎有害度指数：★★★★
◎规避指数：★★★

【特征】

1. 被对方的花言巧语所蒙蔽，乱讲哥们儿义气。
2. 顾及面子，不好意思回绝朋友的请求而反受其害。
3. 经不住朋友的诱惑，跟着学坏甚至走上违法犯罪的道路。

　　生活中，朋友就是一笔财富。如果交上好的朋友，不仅可以得到情感的慰藉，而且朋友之间还可以互相帮助、互相激励，成为事业上的好帮手，有利于事业的发展和成功。有首歌这样唱道："朋友是能与你风雨同舟、同甘共苦的人；朋友是你能信任、了解的人；朋友是能在你需要时给予帮助而不求任何回报的人。"

　　在人生的旅途中，你所碰到的朋友会很多，但能真正知心、肝胆相照

的朋友还真不多。人类似乎都应该成为朋友，事实上却不是这样，有的甚至演变成了仇人。究其原因，都是为利益所驱动。一个自私狭隘的人，为了一己私利，会不顾一切地去干损害朋友的缺德事。如果不慎和这种人做朋友，那将贻害无穷。

常言道：多个朋友多条路。但千万不能因求数量而随便交友，忽略了质量。看过《水浒传》的朋友，对林冲一定很熟悉。他是《水浒传》里的英雄，同时也是一个典型的交友不慎反被朋友所害的人。

绰号"豹子头"的80万禁军教头林冲，携美丽的妻子、老仆到进香拜佛，恰好被在此闲逛的高衙内撞见。高衙内看中了林冲妻子的美貌，公然上前调戏，被林冲制止。

高衙内自从见了林冲的妻子后，整日就像丢了魂魄一般，茶饭不思，心神全放在了思念林娘子上。他想去林家，但又怕和林冲动起手来自己吃亏。一种不达目的誓不罢休的决心渐渐占据了他的内心。他开始思量着如何把这女人弄到手。

这天，陆谦来到高衙内房中探望。陆谦在太尉府中任虞侯，和林冲关系很好，是朋友。但此人心术不正，平日里为高衙内出了不少坏主意。他也听说了前些日子高衙内与林冲妻子相遇的事，深知高衙内正为此事而闹心。陆谦知道自己表现的机会来了，他咬着高衙内的耳朵说了几句话，高衙内的脸上顿时放出了光彩，连声叫好。这一天傍晚，林冲结束训练正准备回家，谁知一出禁军营的大门就被迎面而来的陆谦叫住了。

陆谦道："多日不与教头相聚，今天正好是个机会。走，上饭店喝酒去。"

林冲为难地说道："我老婆已经做好了饭菜，如不回去，她必定挂念。还是改日吧。"

陆谦见林冲推辞，便一把拉住他："教头，今晚一定要赏我个面子，走吧。"

林冲违拗不过，只好随他进了一家饭馆。陆谦不断找各种理由哄林冲喝酒，渐渐林冲就有些醉了。后来他家的丫鬟锦儿跑来，见了林冲便大声喊道："大事不好，那高衙内跑到家中污辱娘子去了。"

林冲一听不由怒火上升，他站起来就要回家。陆谦伸手想拦也没有拦住。一进院林冲就听见妻子在屋内厉声喝道："你再动手，我就死给你看。"

高衙内嬉笑道："你就从了吧。林冲这会儿正在喝酒寻乐呢，你何苦为他守空房？"

林冲冲入门内，妻子一把抱住他，大声痛哭。

林冲哪里知道，这是好朋友陆谦与高衙内设下的毒计。

林冲与陆谦的故事对于我们每一个人都有警醒作用，历史上因交友不慎而受其害的人很多。有时，自己身边最信任的朋友也会见利忘义，想出诡计来害自己。

其实，这并不是让人们不要相信朋友，但在与朋友的交往过程中，一定要小心谨慎。假如林冲平时多注意陆谦的行为，也许就不会弄到家破人亡的地步。

小焦是大学一年级的学生。上中学时，他所在的学校是一所普通中学，他是这个学校的好学生。但是，他在这所学校结识了一些坏朋友，马某就是其中的一个。马某是学校出了名的差生，他打架斗殴，抢劫低年级同学的零花钱，多次受到学校的纪律处分，最后被开除学籍。但马某很讲"义气"，小焦觉得与马某交朋友能够使自己不被别人欺侮，至于他身上的缺点，自己不跟他学就是了。于是，虽然马某被开除了学籍，小焦也上了大学，但两人仍保持着联系。

这天，马某呼小焦去青年湖公园，说有事情。小焦正放暑假在家，起初他不想去，马某第二次呼他，小焦才来到了青年湖公园。小焦见马某身边站着五六个人，便问："你呼我有什么事？"马某说："一会儿我有个朋友郭某带两个人来，他们身上有手机和随身听，咱们把他劫了。"

小焦一听心里发抖，有点害怕，不想干，要回去。马某告诉小焦："你甭回去，劫得的随身听归你，你正好学外语用。再说，你已经来了，万一我们出事儿，我肯定不会说出你来，但不能保证他们不把你抖搂出来，到那时你还是跑不了。"一听这话，小焦只好站在那儿等着。

不一会儿，郭某果然带来了两个人。马某走过去装作不认识郭某的样子，搂住那两个人中较胖的一个，说："你过来，我找你有点儿事。"说着，

将那个胖男孩强掳到一面墙下，开始搜那个男孩的身。他从男孩的身上搜出 140 元钱。

随后，马某带着小焦去饭馆吃了饭，并将随身听"送"给小焦。

就这样，因为交友不慎，这位大学生稀里糊涂地被卷入了这起抢劫案。

在和朋友交往的过程中，要多考察你新结交的朋友，对好人要以心相交，推心置腹；而对坏的朋友，就一定要避而远之。

现实生活中，因选错朋友而摔跟头甚至掉脑袋的人不在少数。接受朋友 2000 万元"回扣"的成克杰，笑纳朋友 310 万元"馈赠"的胡长清等等，他们最终都断送前程并赔上了性命，其中一个重要原因就是交了坏的朋友。

贵州籍女孩余某现年 18 岁，初中毕业后便只身来到温州"淘金"，结识了老乡杨某等人。起初，杨某对余某很照顾，给余某提供吃住，还经常带余某出去游玩，余某便和杨某以男女朋友相称。后来余某发现杨某等人有吸毒恶习，她在杨某花言巧语的诱惑下也吸上了毒品，而后一发不可收拾。余某离不开杨某，更离不开毒品。一日凌晨，杨某买来海洛因后，与余某一起在一私人旅馆里"享受"，不料被派出所民警查获。余某与杨某双双被送进强制戒毒所。

通过上述几个例子可以看出，交上恶友的危害有多严重。如果稍有不慎，就会受牵连。轻者伤家败财，重者丢了性命。从古到今，无论是达官贵人还是平民百姓莫不如此。

随着网络的普及和发展，网络犯罪逐年增加。女青年因网上交友不慎成为犯罪分子猎物的案件越来越多。尽管犯罪分子受到了法律应有的惩处，但留给女青年的身心伤害却是终生的。

某高校女大学生小娜晚上没课的时候喜欢上网聊天，有一天，她在聊天室认识了峰。他们在网上聊了几次后，峰便约小娜见面。一天下午，她应邀与峰见了面，随后又和峰及他的几个朋友在学校附近的饭店吃饭。饭桌上，峰不停地劝小娜喝酒，两杯啤酒下肚，不胜酒力的小娜顿感天旋地转。随后，峰便将小娜带到一家洗浴中心，把小娜强暴了。

网上交友是现在人们生活的一个重要的部分。随着上网成为时尚，犯

罪分子也逐渐把目光转向互联网，因为网络犯罪隐蔽性更强，迷惑性更高。对那些没完没了套你信息的聊天者和要求见面的网友需慎之又慎。特别提醒一些女孩子：网络本身就是虚拟的，虚拟世界中的"白马王子"未必就是现实生活中的正人君子，见网友一定要慎重，不要轻易成为犯罪分子的猎物，给自己带来永久的伤害。

许多人都有这样的感叹：真正的朋友太难觅。朋友之间相互利用、相互背叛，失去了真情。有些人常常因交友不慎，结果给自己带来无穷的烦恼和麻烦。所以，在交往前，一定要分清是"损友"还是"益友"，以免日后上当。

寻找真正的朋友需要一个过程。慎交朋友，应该是一项必须坚持的原则。曾国藩说过："一生之成败，皆关乎朋友之贤否，不可不慎也。"

〉〉怎样规避交友不慎的错误

● 古人云："近朱者赤，近墨者黑"、"物以类聚，人以群分"。可见并不是所有人都可以当朋友的。交友时，应该从其职业、性格、为人、追求、阅历等多方面进行考察。

● 人心难测，在任何人面前都要擦亮眼睛。对于即将被划入你圈子里的朋友，一定要在此之前对他的人品、为人处事有很深的了解。对于朋友要你做的事，一定要分清好坏，免得留有后患。

● 上网时一定要树立自我保护意识，不要把自己的姓名、家庭住址、电话号码等有关身份的信息轻易在聊天室或公共讨论区透露，也不要在网上发布自己的照片。

● 孟母为了教子成人，搬了三次家，结果孟子成了一个有学有德之人。而对于我们身边那些不利于我们成长的人，也要学孟母那样，远远离开。

关键时刻迈错步子

——关键时刻迈错一步，就会走到与成功背离的岔路上去，导致
人生满盘皆输

◎讨厌指数：★★
◎有害度指数：★★★★★
◎规避指数：★★★★

【特征】

1. 错判形势关乎利害，一失足则成千古恨。

2. 没有把握稍纵即逝的机会，与成功失之交臂。

3. 关键时刻优柔寡断，瞻前顾后，从而错失良机。

    人这一生，总会出现为数不多的几个关键时刻，诸如升学、择业、结婚等等。有的人及时、正确地把握住了这些时刻，从此在其以后的人生路途中一帆风顺。古往今来，凡是成大事者，无一不是在关键时刻走对路子的人。相反，有些人却因在关键时刻迈错了一步，而使自己乱了阵脚，失掉了很多成功的机会，乃至遗憾终生。

　　甲、乙、丙三名登山爱好者结伴攀登一处悬崖。这一天，三个人出发了，他们各自带着自己准备好的登山工具，信心十足地向山顶攀登。山中气候多变，上山时还天气晴朗，翌日下山时天气就变了，零下的气温将浓雾结为霜雪。三个人以登山绳相连，分别敲开岩石上的坚冰，再打入钢钉，勾上绳子，垂降到下一步。

　　突然，乙的钢钉松脱了，霎时坠了下去，所幸身上的绳子与两侧的甲和丙相连，使他吊在空中。甲和丙两人使尽了力气救乙，奈何垂直的岩壁上毫无可以借力之处，而钢钉是随时都有滑落的可能。

　　"你们两个人不可能救得了我，把绳子割开，让我走吧。"乙悬在半空中，嘶声哀求，"与其一起摔死，或留在这儿冻死，还不如让我一个人走，只怪我失误，一切都怪我自己。"

　　甲和丙两个人忍痛割断了绳子，乙笔直地跌下山谷，没有一声哀号。

　　甲和丙两人终于平安地返回地面。他们一起来到死去的乙的家中，乙的妻子瞬时脸色苍白。她颓然地坐下，什么也没有问，也没有号哭，只是淡淡地说："都怪我啊！"

　　事后，甲和丙才弄明白这个女人说那话的意思。原来，乙在出发前照例检查工具，而正查到钢钉的时候，妻子把他喊过去，要他帮她洗衣服。等洗完后，出发的时间也快到了，乙简单地看了一眼钢钉，那钢钉已经不是很锋利了，但是他已无暇打磨，便匆忙地走了。

　　面对乙的悲剧，我们能说什么呢？钢钉是登山的关键所在，而他却偏偏在这关键的地方漏检了——关键时刻做错了事情，导致了生命的灭亡。有时候，面对许多生活和工作之中的悲剧，我们无法责怪任何人，只能怪自己在关键时刻走错一步。

　　也许有的人会说，这样的事情很少发生，只是一种偶然。但是这样的偶然实在是太致命了，往往会决定你一生的得失成败。关键时刻迈出的步子是人生成败的一道分水岭，很多人能有日后的伟大成就，就是因为走对了那关键时刻的一步。有人这么说：一个成功的企业家与一个失败的企业家有99%的相同点，而不同点只有1%——关键时刻如何面对和把握。

　　成功的道路总是充满荆棘与泥泞，当我们回首成功者一路走来的历程

时，总会感慨：他们都是把握住关键时刻，且走对关键一步的人。

李焜耀是明基电通董事长。1991年对于李焜耀来说无疑是一个最难决断的关键时刻。早在20世纪70年代，李焜耀便追随施振荣一起创办宏基，并逐步成长为施振荣手下的一员得力干将。后来，当施振荣引入外部力量进行改革时，李焜耀觉得束缚在身，于是毅然出走，跑到瑞士去读MBA。施振荣亲自跑到瑞士，要求他回到宏基。当时，施振荣给了他两个选择，一是到宏基笔记本电脑事业部当主管，一是去管理明基。

当时，明基全年的营业额才6亿元人民币，而宏基的营业额超过100亿元。一个在天，一个在地，何去何从？李焜耀面临着人生中关键时刻的选择。对于一贯有独立思维、个性强硬的李焜耀来说，后者的挑战更大。所以他的态度异常坚决：明基要独立，要有自己的舞台，他要实现个人价值。

当时，明基面临着非常激烈的外部竞争，这条小船随时都有可能被商潮吞没。而且在明基内部还发生了剧烈的动荡，内因外因都不利于明基的发展。很多人离开了明基。在短短几个月之内，明基一半的主管离开了，并且在与宏基的财产分割中也遇到了很大阻力。

面对种种困难，有人劝李焜耀回头，说他这一步走错了。但是，李焜耀没有后悔，他坚信自己的选择。他以不同寻常的勇气和信心，将明基引向了新旅程，挣脱了宏基的羁绊，实现了自己真正的独立，并最终超越了母公司宏基。

2000年，明基完成了对西门子手机部门的收购，成长为全球性的企业巨子。

面对今日庞大的明基大业，很多人庆幸李焜耀当时的选择的正确。假如当初他到宏基笔记本电脑事业部当主管，也许就不会有现在的成功。未来不能假设，当年的李焜耀未必知道能有今日的成就，他只是在事业的关键时刻走对了关键的一步。

当然，所谓"关键时刻"并不总是创业时的艰辛，更多的"关键时刻"是创业者们挑战自身、突破极限的勇气。人在关键时刻，有外力支持和帮助固然重要，但最重要的是自己要有正确的选择，并且坚持不懈地为之奋斗。在漫漫的人生旅途中，关键时刻迈对步子是十分重要的，就像人们常说的那样：关键时刻走错一步，满盘皆输。如果关键时刻迈错了一步，那就会一失足成千古恨，失去人生很多美好的东西。

战国时，赵国有两位非常有名的将军，一个是老将廉颇，另一个就是大将赵奢。赵奢有一个儿子名叫赵括。赵括从小熟读兵法，谈起用兵之策总是滔滔不绝，他认为天下没有人可以与自己匹敌。公元前262年，秦军大举进攻赵国，两军在长平对垒，战云密布。当时赵奢已死，赵王只好派老将廉颇坐镇。这场战争一拖就是三年，两国军队的粮草供应都日见困难，于是秦军主将就召集众将和谋士商议如何败赵。一谋士对秦军主将说道："我听说大将赵奢有个儿子叫赵括，此人自幼熟读兵法，但从未历经战争，只懂得纸上谈兵，没什么才能。如果我们派人到赵国境内散播谣言，使赵国撤掉大将廉颇，换成赵括，那我们就胜券在握了。"于是，秦军主将便派遣间谍潜入赵国散布流言：秦军谁都不怕，就怕赵奢之子赵括担任大将。

谣言传入宫廷，赵王听到后果然要起用赵括。蔺相如连忙劝谏赵王，切勿委赵括以重任。甚至赵括母亲也上疏赵王，告诉他赵括只会空谈，难胜重任。如果让赵括带兵打仗，那么赵国的锦绣江山将不复存在，葬送赵国的一定是他。但是赵王固执不听，果然撤回廉颇，任命赵括做了大将。

赵括一到前线，就立刻改变了战略，撤换了不少将官，一时间弄得军心惶惶、人心涣散。秦将白起探明这些情况后，深夜派出一支奇兵偷袭赵营，随后佯装败走。赵括不知秦兵败退有诈，挥师追赶，结果陷入秦军的包围圈里，粮道也被秦军截断，被围困四十多天后，军心已大乱。赵括率军突围，秦军四面掩杀过来，他被乱箭射死，四十万大军全军覆没。接着，秦军包围了赵国都城邯郸。

赵王大惊失色，这才知道用错了赵括，不但导致全军覆灭，甚至还差一点失去国家。若是没有魏国信陵君率军相救，他这个赵国国君早沦为秦囚了。

由此可见关键时刻迈错步子所带来的严重后果。人越在关键时刻，越该冷静思考，这样才不会铸成大错。

　　成功者和失败者的区别就在于这关键时刻的正确或错误的行动。如稍有不慎，就会酿成终生的悔恨与遗憾。一位名人曾经说过："人的一生，关键时刻往往只有几步，特别是当人年轻的时候，如果走错了道路，不但会留下终生遗憾，还会造成很大的人生损失。"

　　有歌这样唱："有些遗憾，是你走错所成，也许你不应该关键时刻一意孤行。"

　　关键时刻的对与错，也会关系到家庭和爱情。

　　有一个叫阿玫的年轻女人，在一家新闻媒体上公开袒露了自己的隐私。她这样感慨道："我是个聪明、清高、自傲的女人，但不知为什么，关键时刻我总是走错路，结果让我整个人生都很失败。"

　　阿玫和男友是高中同学，高中毕业后，她考上了本地的专科学校，男朋友考上了外地一所著名医科大学，两人感情平稳发展。三年过去了，男友还在上大四，而她已经专科毕业，被分配到一家效益不错的企业工作。

　　在工厂的一次联欢会上，阿玫结识了厂技术部长。他的行为举止非常潇洒和自信。他从容不迫地侃侃而谈，成熟儒雅的风度让刚走出校门的她深深佩服。终于在一个夜晚，阿玫和他发生了关系。

　　不久，男友大学毕业，应聘到一家医院。一天，她和男友乘车游玩。在长途汽车上，她强烈的妊娠反应使学医的男友大为吃惊。他们原计划玩一周，可第二天男友就带她回来了。当男友知道了她所做的事情后，摔门而走，七年的恋爱关系宣告破裂。阿玫伤感地说："我们俩是同学中最被看好的一对，如果不是我走错了这一步，我和他在一起是会幸福的，可现在说什么都晚了。"

　　技术部长因此事而蒸发了。阿玫陷入痛苦之中。经过半年的时间，她恢复了平静，然而，命运似乎要考验阿玫。一次偶然的机会，她邂逅了一个中年男人——某机关的一个处长强。强对阿玫展开猛烈的追求。她吃尽了婚外情的苦头，要求强离婚。不久，强与前妻协议离婚，女儿留给前妻照料。阿玫终于领取了结婚证。而强的前妻，因内心极度苦闷而产生悲观厌世思想，几次自杀，给强带来了极大的精神压力。强便经常往她那里跑，给她一点安慰，甚至每天接送女儿上学。

一天，强的前妻又偷偷打开了煤气灶想自杀。由于抢救及时，才保住性命，但她一直住在医院。医生的结论是，中毒程度很深，可能会有后遗症。阿玫知道，今后她要面对的不仅是他女儿的生活，还有他一直放不下的病恹恹的前妻。终于，强和阿玫摊牌了：每一周，他都要留三天去照顾前妻和女儿。开始时，阿玫还能接受，但时间久了，她就受不了了。尤其是在年节，他都留在前妻身边，而让她独守空房，以泪洗面。她的精神在逐渐崩溃，她对未来的生活已不抱丁点儿希望了。

对婚姻的追求，当然是人生的关键事情。怎么做，要做什么，哪些事可做，哪些事不可做，哪些人可以爱，哪些人不可以爱，这些都是十分重要的。感情是没有对错的，爱是不讲道理的。但是，明知道对方有家庭、有伴侣，还是不管不顾地去爱，那就是走错的第一步，是悲剧的开始。人生的道路很漫长，但决定命运的往往只有那么几步，走错一步，就没有回头的机会了。

有这样一个哲理小故事：

有一个年轻人去寻宝，他跋山涉水历尽艰辛，最后在热带雨林找到一种树。这种树能散发一种很浓的香气，放在水里不像别的树一样浮在水面，而是沉到水底。

年轻人心想：这一定是价值连城的宝物。于是就满怀信心地把香木运到市场上去卖，可是却无人问津。他看到隔壁摊位上的木炭总是卖得很快，十分羡慕，便决定听从摊主的劝告，将香木烧成木炭来卖。第二天，他果然就把香木烧成了木炭，结果很快被一抢而空。这令他十分高兴，他迫不及待地跑回家告诉他的父亲。

父亲听了他的话，不由得老泪纵横，说："儿啊，被你烧成木炭的香木，正是这个世界上最珍贵的树木——沉香。只要切下一块磨成粉屑，价值就超过了一车的木炭。"

年轻人听后，后悔不已。

这是一件多么令人懊悔的事情。年轻人终于经不住外在的诱惑，一念之差，与巨大财富失之交臂。

姚明在他的自传里说："人在关键时刻有一个失误，就可能付出巨大的代价。"

　　著名作家柳青在他的名著《创业史》中说："人生的道路是很漫长的，但紧要处常常只有几步。"也曾有人把人生比做棋局，下棋时有"一着不慎，满盘皆输"的说法。关键时刻走对，也许就柳暗花明；关键时刻走错，就会一失足成千古恨。

〉〉怎样规避关键时刻迈错步子的错误

　　● 在关键时刻，一定要冷静分析，慎重思考，然后再迈出那关键的一步。

　　● 如果发现自己迈错了步子，就应该及时停步并纠正，避免接下来犯更大的错误。

　　● 对已经造成严重后果的事情，要总结经验教训，避免日后再错。

过分依赖父母，好逸恶劳

—— 寄生虫似的生活不会有什么乐趣，更不会有好的前景

◎讨厌指数：★★
◎有害度指数：★★★★★
◎规避指数：★★★★

【特征】

1. 娇生惯养，凡事依靠父母，稀里糊涂混日子。
2. 好吃懒做，不愿意工作，天天无所事事，幻想天上掉馅饼。
3. 衣来伸手，饭来张口，没有主见，缺乏生活本领。

前不久发生这样一件稀罕事：因为无法承受好吃懒做的儿子无休止地要钱，村民李老汉硬拉着儿子来到司法所，花3000元钱一次性"买断"了儿子的终身"要钱权"。

上文中李老汉的儿子便是目前社会上的一个新型族群——"啃老族"的典型代表。千万别以为这个"啃老族"是什么时尚光鲜的好名词。"啃老族"是指那些已经成年并有谋生能力却仍未"断奶"，得靠父母供养的年轻人，

社会学家称之为"新失业群体"。据有关专家统计，在城市里，有30%的年轻人靠"啃老"过活，65%的家庭存在"啃老"问题。"啃老"现象已经成为一个严重的社会问题。

父母养育并爱护子女是天性使然，但子女如果过分好逸恶劳，不知自立，一味打父母的主意，将生存压力转嫁于父母，就成了过分依赖父母的"啃老族"。造成"啃老"的原因是多方面的，家庭教育的缺失是首要的。家庭本应成为子女的第一大课堂，子女的勤劳、孝顺和责任感都应是父母在家庭教育中给他们培养起来的，而中国最初的几代独生子女，也正是"啃老族"的主要组成人员。从小在"捧着"、"抱着"、"举着"、"背着"、"顶着"、"捂着"的环境下成长起来，养成了事事由家长做、处处有家长呵护的习惯，既任性、又缺乏责任感。

过分依赖父母，好逸恶劳的习惯，会像毒瘤一样腐蚀人的意志，使人精神萎靡，一天天地混日子，就像泡在温水中的青蛙一般。起初你可能觉得没什么，但若不加以改进，就会被这个恶习麻醉，最终消沉下去，无所事事地蹉跎光阴。依赖父母、好逸恶劳的人在家庭的呵护下得过且过，这样发展的结果，只能是成为一个丧失生存能力的废人。一旦到了这种地步，别说成功了，生存都有问题。

人活一世，若想实现自己的人生价值，就必须远离这个不良习惯。在中国人一直以来的家庭价值观里，养儿防老天经地义。作为一个健康的成年人，不但没有尽到孝敬父母的义务，还要依赖上了年纪的父母养活自己，给他们增添额外的经济负担，这在大多数人的眼里都是说不过去的。究其他们"啃老"的原因，纵然有着各种各样的客观原因，但在社会调查显示的"啃老"族的六大类人群中，怕苦怕累，好逸恶劳的缺陷可以算是其中的一大共同的内在原因了。

好逸恶劳是过分依赖父母的罪魁祸首。"好逸恶劳"在词典里的解释是：贪图安逸，厌恶劳动。劳动是人类社会存在和发展的最基本的条件。马克思说："任何一个民族，如果停止劳动，不用说一年，就是几个星期，也要灭亡。"对于整个民族来说是这样，对于个人来说更是如此，不劳动就难以生存。劳动创造了人类，使人从类人猿进化为人类；劳动推动社会的发

展和进步，它是财富的起源，它使人们得以享受现在的物质成果、科技成果和文化艺术成果。然而好逸恶劳者却厌恶劳动，期望不劳而获，将个人的幸福建立在大多数人的痛苦之上，无疑是招人厌恶的。

一个人，他的一生能够有什么作为，事业和生活是否顺利美好，都与他是否为学习、工作、生活付出足够的辛劳和努力密切相关。世界上没有天上掉馅饼的好事，任何的收获都来自于你曾经的付出。如果一味地贪图享受，过分依赖父母，好逸恶劳，不愿意去付出劳动，只想要好事临头，岂不成了"守株待兔"里愚蠢的农夫？不趁着年轻、精力旺盛的时候努力学习知识和技能，贪图安逸，最终只能陷入人生的困境。《伊索寓言》中《蟋蟀与蚂蚁》的故事便是这样一个生动的例子。

漫山遍野盛开着美丽的花儿，树木和农作物在田野中郁郁葱葱地生长着，正是阳光普照的夏天。一只蟋蟀悠闲地躺在椅子上唱着歌。忽然，它看到旁边走过一群正辛勤地搬运着东西的蚂蚁，便对着蚂蚁们喊道："喂喂！蚂蚁们，你们在忙活什么呢？"蚂蚁一边忙碌着一边回答它："我们在储藏过冬的食物。"蟋蟀不屑地叫道："你看这里不是到处都是食物吗？费那个劲干什么，快休息休息吧，像我这样唱歌不是很好嘛。"忙碌的蚂蚁没有理会蟋蟀的话，继续忙碌着自己的工作，而蟋蟀也继续过着自己养尊处优的生活。

时间一天天过着，快乐的夏天结束了，秋天也过去了，冬天终于来了。北风呼呼地吹着，天空中下着绵绵的雪花。游手好闲的蟋蟀这才猛然发现，曾经到处都是的阳光、花朵没有了，更可怕的是，那些唾手可得的食物这时也一点都找不到了。

在条件适宜的时候，不为以后的人生做好准备，像上文中的蟋蟀一样，好逸恶劳，只管享受，这种人在走上社会以后就难以独立地生活下去，必然陷入困境中。像现今社会上很多的青少年一样，由于好逸恶劳的坏习惯，在校时不好好学习，进入社会后无法养活自己，不得已依赖父母生活，甚至沦为社会上那种游手好闲、无所事事的小混混，没有钱就去骗、去抢，他们最终逃脱不了法律的制裁。

孩子对于父母的过分依赖，父母在家庭教育中的失误也是一大原因。

要想规避对父母的过分依赖，也应从根源上拒绝父母的事事代劳，处处呵护。身为家长者也应控制自己的行为，对孩子进行正确的引导和教育。

今年 25 岁的小张，长得人高马大。大专毕业时，他找工作并不顺利，在毕业前夕才勉强找了家单位签约。小张在这家公司负责一些业务往来的工作。由于受不了四处出差的苦累加上他非常看不惯那些业务员的虚伪和钻营，勉强忍耐了两个月后，他辞职了。小张是家里的独子，父母打小就对他万般宠爱，真可谓"捧在手里怕掉了，含在嘴里怕化了"，一听说儿子工作很辛苦，二话不说，就让儿子等找到好工作再去上班。

时间一天一天地流逝，辞职在家的小张也尝试过再找别的工作，然而，好逸恶劳的性格使得他高不成低不就，始终也没有找到称心如意的工作。一晃就这样蹉跎了半年多。这半年多里，吃饭、看电视、上网聊天、打游戏成了小张生活的主要内容。一有什么需要就找父母要，虽说家里并不富裕，可他吃喝穿戴玩，样样追求高档，从不含糊。

凡事有靠，愈发助长了小张好逸恶劳的势头。别说工作了，整日好吃懒做，吃完父母做的饭连个筷子都不洗一根。就这样，小张的暂时失业逐渐演变成了长期啃老。

终日上网虽然对他的工作没有任何帮助，却让他很快从网上认识了一个女朋友。尽管他没有工作，可这婚该结还是得结呀。年轻人结婚要有房子，按如今的房价，一套房子至少也要二三十万元。小张哪来这么多钱？便自然地又将目光投向了父母。"甘为孺子牛"的父母便绞尽脑汁东借西凑，总算给小张买了一套房子，让他们结了婚。当然，一切借款和贷款，小张没有一丁点儿责任，父母也没有让他还债的意思。

婚后，小两口的日子过得倒也自在。小张的妻子本来在一家企业里工作，后来，因为企业经营得不景气，在一次裁员中被辞退了。按说妻子失业，身为丈夫的小张该意识到担当起养家的责任了，然而，长久积累的惰性岂是一时半刻改得掉的。于是，赋闲在家的小两口一日三餐准时到父母家报到。

小张的父母越来越感到不妙：一是担心儿子成了废物，二是担心儿子、媳妇将来连吃饭都成问题。因此，父亲内退后继续应聘在单位里看门，母亲摆起了货摊。小两口则依然故我，继续在家里好吃懒做。

像上文中的小张那样，过分依赖父母以至于成为"啃老族"，不但会对自身带来毁灭性的危害，还可能引发一系列不和谐的社会问题。小张的父母为其操劳一生，不但不能在儿女的孝顺下颐养天年，还要为成家立室的儿子的生活问题操心，这一切都是小张纵容自己好逸恶劳、过分依赖父母所造成的。他若继续这样下去，父母过世之后，很可能连生活都成问题，更别提对下一代人的教育了。

随着时间的流逝，小张的父母一天天地老了下去。看着儿子好逸恶劳的德行，老两口意识到了问题的严重性。但无论他们如何苦口婆心地劝说，早已经靠父母靠成惯性的小张再也不肯自己出去想办法谋生。无奈之下，老两口想尽办法，才为其谋得了一份轻松稳定的工作，谁知道才上几天班小张就主动辞职不干了。问其原因，原来是因为同事中有人讥笑他没本事，靠父母才得到这份工作。老两口听了气得说不出话来，对这个儿子他们真不知道说什么好了。晚上吃饭的时候，饭桌上小张的妈妈提起了这件事，并训斥了他两句。小张开口就顶撞道："啰嗦什么呀，不就吃你两口饭嘛，有什么了不起的。"气得老人当场昏了过去，送到医院，是急性脑梗死，没能抢救过来。事情发生得太突然了，小张的爸爸看着老婆被儿子活活气死，心中连气带悲也病倒了，一个月后也含怨而去。

两个老人相继去世，一直以来的靠山轰然倒塌，小张这下子才慌了神。二位老人没有给他留下什么遗产，本来就不多的积蓄被他这两年连吃带造花得差不多了，二老住的房子也因为给他买新房做了抵押贷款。靠山倒了，小张只好出去找工作。他找到原来的单位，单位本来就是看他父母的面子才让他去上班的，他却因为无聊的理由而辞职了，现在他父母已经去世，很自然的，单位的领导拒绝了他。到社会上去求职，他因为太久不工作，已经与社会脱节了，又没有什么可以谋生的技能，也只能是四处碰壁。无奈之下，小张只得去了一家小公司做起了不需要什么资本的销售员，用微薄的工资养家糊口。

对父辈缺乏赡养能力，对子女无力承担教养责任，让上一代人的晚年生活劳累奔波，更会让下一代人的教育陷入窘境、没有着落。通过小张的例子，我们可以清楚地看到依靠父母、好逸恶劳的危害。其实，对于"啃

老者"自己来说，生活也并不如意。前途未卜，生活空虚，长此以往，将不得不承受比其他人还要大的心理压力。随着年龄的增长和不工作时间的延长，与社会的交流越来越少，适应能力也将下降，以后就更难适应工作的需求，就业就更难。毫无疑问，这样的恶性循环对人生有百害而无一利。

犯下好逸恶劳、过分依赖父母的错误，不但危害自身，更会危及家庭幸福，甚至整个社会发展。首先，给家庭带来额外的经济负担，使勤俭节约的风尚化为乌有；其次，自己不工作，必然会导致失业人员的增加，而这无疑给社会稳定带来不和谐的因素。任何一个独立的人都有责任和义务去避免犯这样的错误。

〉〉怎样规避好逸恶劳，过分依赖父母的错误

● 树立正确的价值观和荣辱观。人活一世并不只是为了享受，每个人都希望幸福快乐地过一生，每个人的心中都有梦想。以自己努力谋取幸福生活为荣，以好逸恶劳、一切依靠父母为耻，知耻而后勇，付出努力去实现梦想，充分实现自己的自我价值和社会价值。

● 战胜惰性心理，培养自己的自信心。不要纵容自己的惰性心理，该做的事就尽快去做，不找借口推辞和拖拉。建立起自信心，相信自己的能力，相信社会需要自己。打起精神，鼓起勇气，积极寻找就业机会。

● 口渴要自己打井。要孝敬父母，体谅父母。就算父母愿意养你，可父母的能力毕竟有限，放眼天下又有几个父母能养孩子到终年？总有一天也还是要靠自己去面对一切，等到那个时候再去后悔，已经晚了。何况，什么都靠父母，如何在人前抬得起头来。

● 培养对待挫折的韧性。工作苦累、碰到挫折的时候，要学会独立承受和面对，杜绝一碰到挫折、受到委屈就想往父母怀里躲的心态。不要因为逃避面前的困难而让自己陷入更大的困境。

● 认清形势，增强社会竞争力。看清当前的就业形势，摆正心态，及时调整和更新就业观念。积极学习，掌握一门能够让自己安身立命的知识或技能。

不切实际，好高骛远

——不切实际，好高骛远，最终只会一事无成

◎讨厌指数：★★
◎有害度指数：★★★★★
◎规避指数：★★★★★

【特征】

1. 眼高手低，这山望着那山高，所作所为不切合实际。

2. 把成功的希望寄托于一些不可能发生的幻想之上。

3. 梦想"一口吃个胖子"，小事不愿做，大事又做不好。

　　好高骛远，字面的释义是：好，喜欢；骛，追求。比喻人不切实际地追求过高过远的目标。

　　一只乌龟看见雄鹰在空中展翅高飞，便羡慕得不得了，请求雄鹰教它飞行。雄鹰劝告乌龟，说它没有翅膀不能飞。乌龟不相信，再三恳求，雄鹰没有办法，只好抓住乌龟，飞到高空，然后将它松开，让它自己飞翔。结果乌龟却大头冲下，落在了岩石上，摔得粉身碎骨。

乌龟羡慕雄鹰能飞翔在蓝天上，所以自己也想飞，却没有想到自己根本就不具备飞的条件。这让人懂得：好高骛远、不切实际必将失败。无论是动物还是人，最后的结果都是一样。

在现实生活中，这种不切实际、好高骛远的态度，是最要不得的。它就像缘木求鱼、水中捞月一般。人在走向目标的途中，最忌讳好高骛远、不切实际。不符合现实的想法，永远只是一个美丽的幻影。

王飞大学毕业后，几经拼搏，终于成立了自己的一家设计公司。营业后第一单业务就获利三十万，这让他的扩张欲望突然加剧，他觉得自己完全有能力把现在这个小公司打造成为当地一流的设计公司。他在庆祝酒席上，信心十足地对大家宣布了自己的这个想法。

朋友们劝王飞要慎重。他不听，完全沉浸在自己的狂想之中。他说自己有能力把公司做大做好。于是，他从原来60平方米的办公室，搬到近200平方米的写字楼办公，配置了一流的办公设备，并且规划了繁多的部门，在形式上已形成一流设计公司的模样。

但是，王飞却没有安下心来专注于公司的运营，把业务做到真正的第一流，而是热衷于比较流行的城市营销，他的目标是快速进入高端的城市营销领域。

王飞还有一个很大的构想，准备在全国范围内实施城市营销人才的培训，并且在一些寻求整体发展的城市做整合项目的推广。此时的他忘了自己的小公司还仅仅是一个设计行业的新公司，在广告设计方面虽略有成就，但在高端的城市营销领域既无人才又无经验。

王飞开始调动资金，在全国推广相关的培训项目。而此间，公司已经没有人去跑设计业务，账上基本没有进项。结果，不到半年，王飞苦心筹划的培训项目既没有给公司带来效益，也没有带来任何知名度，不断累积的费用支出让他负债累累，不久就宣布公司破产关门。

事后，王飞十分后悔，知道正是自己这种好高骛远的态度，才导致自己的失败。

谁都希望自己的事业在最短的时间里获得最大的成就，但是不顾自己的实际情况，好高骛远地追求更高更大的目标，一定会遭到失败。凡事都

是一步一个脚印地向前走，都是由小到大，从微薄到宏伟，绝不是一蹴而就，那句话说得好："罗马不是一日建成的。"

从那些失败者所走过的足迹上看，导致失败的原因很多，好高骛远是其中的一条。他们的想法和做法不切实际，恨不得一口把自己吃成一个胖子，一下子把自己的事业做大、做辉煌。过高地估计自己的才智，对一些所谓的小事情不屑去做，总认为自己应该去做更大、更重要的事情。岂不知这样就等于把自己事业建立在沙滩上，注定会轰然倒塌。

为自己的未来设置更高的目标，当然是可取的，但这并不意味着沉溺于不切实际和好高骛远之中。而建立在现有基础之上的那种对未来切合实际的追求，将会使人更稳妥地获得成功。

成功的人都是"化整为零"的高手，他们把自己人生的大目标化解为一个个小目标，并将坚定的态度持之以恒地付诸这每一个小目标的实现中，目标在他的眼里永远没有大小远近之别。

日本有个矮个子运动员，他两次夺得了马拉松世界冠军。许多人不理解，记者请他谈经验，他也不说。他只回答："用智慧战胜对手。"

观众对他所谓的智慧迷惑不解。

10年后，这个谜终于被解开。他在他的自传中是这么说的："每次比赛之前，我都要乘车把比赛的线路仔细地看一遍，并把沿途比较醒目的标志画下来，比如第一个标志是银行，第二个标志是一棵大树，第三个标志是一座红房子……这样一直画到赛程的终点。比赛开始后，我就以百米的速度奋力地向第一个目标冲去，等到达第一个目标后，我又以同样的速度向第二个目标冲去。40多公里的赛程，就被我分解成为这么几个小目标轻松地跑完了。"

这名运动员给我们上了一堂生动的课，内容即是切忌好高骛远。人生何曾不是一场马拉松比赛，成功的人会像这名运动员那样，一个一个目标攻破，而最后取得整段人生的胜利。如果一开始就盯紧最终目标，那么或许就很难坚持下来，过早地退出竞争。

有时候，人们面对人生的机会，迟疑不决，没有及时抓住，到最后只能两手空空，一无所获。

有一个樵夫，每天都上山砍柴，过着平凡的日子。有一天，樵夫在砍柴回来的路上，捡到一只受伤的小鸟，小鸟长着银色的羽毛。樵夫欣喜不已，他还没有看见过这么漂亮的鸟。于是，樵夫把小鸟带回家，用心地给它治疗伤口。小鸟每天也给樵夫唱着动听的歌。他和它都快乐无比。

邻居看到樵夫的小鸟，告诉他还有一种金鸟，比银鸟漂亮千倍，而且歌也唱得比银鸟好听。从此，樵夫每天只想着金鸟，不再对小鸟感兴趣了。日子过得也越来越不快乐。

这一天，正当樵夫坐在门外，望着金黄的夕阳，想着金鸟的时候，小鸟准备离去了。它飞到樵夫身边，最后一次唱歌给他听。樵夫感慨地说："你的歌虽然好听，但比不上金鸟；你的羽毛虽然漂亮，但比不上金鸟的美丽。"

小鸟唱完歌，在樵夫身边绕了两圈后，向金黄的夕阳飞去。樵夫望着越来越远的小鸟，突然发现小鸟在夕阳的照射下，变成了美丽的金鸟——他梦寐以求的金鸟！只是，它这一去再也不回来了。

樵夫后悔不已：为什么自己没有把握住那只小鸟呢？是因为自己整天想着不着边际的金鸟，而忽视了眼前的小鸟的存在。好多事情只能来一次，不能回头，所以抓住眼前的所有是非常必要的。未来的得与失取决于对当下的把握。只有抓住眼前一切，才会有未来的拥有。

正像体育明星姚明所说的："打游戏可以重来，可生活却不能。"

其实，平凡简单未必就是志向不远大。许多时候，平凡简单才更真实。只要把自己的事情干好，定一个切实的目标，做到量力而为，不好高骛远，不标新立异，踏实地做事，就一定会有收获。

公元前193年，也就是汉惠帝即位的第二年，两朝重臣萧何病重了，眼看将不久于人世。汉惠帝亲自去萧何家探望他，看到这个为汉室打下江山、鞠躬尽瘁的长辈老臣如今生命垂危，汉惠帝不禁流下伤心的泪水，泣道："老相国您如果一走，国家将痛失栋梁，举国之中，又有谁人能接替您的位置啊？"

萧何处事一向极为谨慎，只说："谁还能如陛下您那样了解臣下呢？"

汉惠帝又问他说："相国您看曹参这个人怎么样？"

这个曹参早年与萧何曾一起在沛县共事，跟随汉高祖一起打天下，立过

不少战功，也是开国的元勋。萧何了解他的才能，汉惠帝一提起曹参，萧何便微笑了，他点头深表赞成，说道："陛下英明，有曹参接替，我死也安心了。"

萧何病逝了，汉惠帝就任用曹参接替萧何做了相国，希望他能继萧何之后干出一番大事业。谁知这曹参接掌相位后，并没有如汉惠帝所愿弄出什么"新官上任三把火"的壮举出来，而是清静无为，一切按照原来萧何已经规定好了的章程办事，什么也不变动。在朝廷之中平平静静地走动、有条不紊地处理政事，一切都平缓、保守。

汉惠帝看到他这个样子，心里很不满意，但对于这样一个老臣，他又不好直言批评，便将曹参的儿子叫到跟前，说道："你私底下去问问你父亲，就说高祖刚刚去世，我又年轻，他作为相国理当鼎力相助才是，他这样还想不想帮助我治理这个国家了？"

曹参的儿子回家后，就将汉惠帝的话转告了父亲。第二天，曹参便去见惠帝，说："请陛下不要误会臣，臣斗胆想请陛下考虑一下，要说圣明英武，陛下与高帝孰高孰低？"

惠帝说："那还用说吗？我怎么敢和先帝相比啊！"

曹参又说："陛下您认为我的才能及得上萧相国么？"

惠帝不禁微微一笑说："先生好像不如萧相国。"

曹参说："陛下您说的话都对。陛下不如高祖，臣又不如萧相国。先帝与萧相国平定了天下，又给我们制订了一套规章，我们只需要按照他们的规章办理，不要失职就是了。"

惠帝一听，觉得似乎很有道理，从此便不再干涉曹参的为官之道和为政之方了。而曹参的理论也确有其成立的基础，那时正值战乱平复初期，百姓们最需要的便是安定的生活。曹参安安静静地做了三年相国，没有给百姓增加更多的负担，国泰民安，深得百姓爱戴，更有人编写歌谣称赞萧何和曹参，历史上把这件事称为"萧规曹随"。

成功者往往具有普通的智商、一般的能力，但他们在完成一项工作或任务时，从不朝秦暮楚，也不浅尝辄止，而是以一颗平常的心去诠释成功。好高骛远在他们身上不存在，他们做事有始有终，切合实际。不急躁、不盲目、不务虚，不仅有一套明确的目标和达到目标的具体计划，也能付出

最大的努力去实现他们的目标。

好高骛远不只体现在人生、事业上，在爱情上也是如此。有一个事业稍有成就的男人，择偶的条件是貌要美丽，学历要大本以上，家庭背景也要好，还有一条必须是处女。这比过去皇帝选妃标准都要高，也就是说必须是女人中的极品。他这种不切实际的标准，是一般女人很难达到的。所以，他至今也没有娶到老婆。

人生应该有远大的目标，但目标一定要符合客观实际，符合自己的能力水平，否则，就会白费精力、一无所得。一个人能有远大的理想固然好，但最重要的是要符合自己的实际情况。每个人的兴趣爱好不同，每个人的能力大小不同，未来的发展道路自然也就有差别。

有人这样比喻，沙滩上有无数的贝壳，也有无数捡贝壳的人。有人满载而归，也有人两手空空。为什么呢？二者的不同源于各自追求的目标不同。

满载而归的人，他不会像珠宝商那样用挑剔的眼光审视每颗他所看见的贝壳。他为贝壳而来，看见中意的，就会捡起来。他追求的目标是实实在在的，所以最后他能快乐地带走满满一篮子贝壳；而两手空空的人，寻觅许久却一无所得，因为他想找一颗他心目中最美丽的贝壳。而这个"最美"是永无止境的，所以说他追求的是不切实际的幻想。

目标关系着事业的成败。为一个实际的目标而奋斗，即使过程很艰难，也总有实现的可能；若是为了一个不符合客观实际的目标而一意孤行，到最后只能是两手空空。记住这句话：别先想在天上飞，先弯腰干好活。好高骛远只会一无所得，而埋头苦干才能有所收获。

〉〉怎样规避不切实际，好高骛远的错误

● 根据自身素质和客观实际，准确定位自己追求的目标。

● 无论大小、重要或不重要的事情，都要认真去做。

● 不和别人攀比，把握好自己的心态，不异想天开。

邋里邋遢，不注重个人形象

——形象是一个人的门面，其好坏直接关系人生的成败

◎讨厌指数：★★★
◎有害度指数：★★
◎规避指数：★★★★

【特征】

1. 不修边幅，对穿着的整洁和外形的修饰不重视，给人邋遢之感。
2. 穿着不得体，服装胡乱搭配，不讲究起码的穿着礼仪。
3. 不注意个人卫生。

　　着装打扮看似事小，其实关乎重大。如果不注意个人形象，着装邋遢随便、打扮怪异，会直接影响到人生的成败，尤其是在人际交往和工作方面。

　　虽然我们经常强调不能以貌取人，但随着生活节奏的加快，人们接触的机会越来越多，"以貌取人"也就在所难免，即通过一个人的仪表形象去判断一个人的身份和修养、个性等，因为人们没有时间去慢慢地了解一

个人。

洛克菲勒作为一个富裕而成功的人，本来应该具有与常人不一样的气质，可他居然也有过被人当作穷苦人的时候。这是为什么呢？就是因为穿着。

一次，洛克菲勒穿着一套很普通的衣服进行了一次长途旅行，因有急事回公司总部，没整理行装就上了火车，鞋子上还带着乡村的泥土。当他检票进站时，后面追上来一位拎着大箱子的中年妇女，对他喊道："老头，帮我拎一下箱子，我给你小费。"

当然，发生这样的误会对功成名就的洛克菲勒来说算不了什么，因为总有人会知道他就是亿万富翁洛克菲勒。可对于我们普通人来说就事关重要了，我们一旦因差劲的穿着和打扮给别人留下了恶劣的第一印象，就会很难翻身。诚如美国人一句名言所说："第一印象绝对不会有第二次机会。"

我国古代早有"人靠衣装马靠鞍"的至理名言，孔子也曾对人的仪表装束发表过一番见解："君子不可以不学，见人不可以不饰。不饰不貌，无貌不敬，不敬无礼，无礼不立。"意思是说君子不可以不修饰自己，否则就没有仪表，就不能得到别人的尊敬，无法被人以礼相待，无以立身于世。

着装打扮对一个人的仪表起着重要的作用，许多对我们不利的信息通常都是通过我们的仪表形象传递给别人的。不修边幅、仪容不整洁、穿着不得体等通常是我们给别人留下恶劣印象的根源。

在社交场合，一个不修边幅、邋遢的人不但不能吸引他人的注意力，甚至还会让他人产生厌恶的情绪。俗话说"初次相见，相貌为先"。你和某人萍水相逢，而你的外在形象便作为第一信号进入对方的眼底。眼光敏锐的人会在这一瞬间凭着心理定式给你对号、打分。而且这种自我经验又极其固执，俗话说"先入为主"，如果你在第一次交际中表现不佳或很差，往往很难改变别人对你的印象，因为人们往往最相信自己最初的判断。

一个穿着邋遢的人给别人的印象就差，它等于是在告诉大家："这是

个没什么作为的人，他粗心、没有效率、不重要，他只是一个没有思想和追求的普通人，不值得特别尊敬他，他习惯不被重视。"

比如，男士没刮干净的胡须就会带来严重的负面影响，头发太长或凌乱不堪亦然。衬衫尺寸不合的衣领或土里土气的领带，均足以损害到你的形象。女士面容憔悴或疲惫而不进行恰当的修饰；不会搭配衣服，上衣与下衣的颜色反差大；头发梳得不整齐或是不清洁；身着奇装异服。这些都足以造成不良的影响。

一个衣冠不整、邋里邋遢的人和一个装束典雅、整洁利落的人在其他条件差不多的情况下，办一件同样的事，恐怕前者会受到冷遇，而后者更容易得到善待。

美国的心理学家雷诺·毕克曼曾做过这样一个有趣的实验：

他在某火车站的电话亭里，在任何人都可以看到的地方，放了 10 美分。待有人进入电话亭，约 2 分钟后，他便让被试者敲门说："对不起，我在这里放了 10 美分，不知道你有没有看到？"结果服装整齐的被试者有 77% 的人顺利拿到退还的硬币，而衣着邋遢的只有 20% 的被试者得到退还的硬币。

这是为什么呢？因为进入电话亭里的人在受到服装整齐者的询问时，觉得服装整齐的人可能要跟自己说很重要的话，会集中注意力与对方交谈；而面对衣着邋遢的人，因为一看就没有好印象，没兴趣接触对方，也就不想去理会对方的问题，所以就会很不合作地开口回答"不"，企图赶走对方。

你的外在形象直接影响别人对你的印象，你穿得气派，无形中就抬高了自己的身份，别人就会乐于与你交往；反之，如果你衣着邋遢寒酸，别人就会认为你根本没有价值，就可能一口回绝你的请求。

要想在社交场合留下良好的第一印象，就要根据不同的场合选择合适而又大方得体的服装。并不一定要赶潮流，最要紧的是干净整洁、大众化。如果你过于在服装方面追求"标新立异"，就会脱离人群，是不会得到别人的喜欢和接近的。

在职场中，着装同样重要。如果你认为做成大事只要关注工作和技能，

不必花时间在着装上，可以不拘小节、邋里邋遢、不重仪表，那你在工作上的努力就会大打折扣，结果只会是事倍功半。一个人的着装往往决定着给人印象的好坏。在日常工作中，着装有可能直接影响着上司或同事对你的专业能力和任职资格的判断。

因此，作为职场中人，要想成功，就不能不对自己的着装重视起来。美国有许多家大公司对所属雇员的装扮都有"规定"，所谓规定自然不是指一定要穿得怎么好看或衣料质地多么好，而是"观感"得有水准。

不止在美国如此，在世界各地都一样。在我国的保险公司，业务员在向人们推销保险的时候是不会穿得邋里邋遢的。无疑，整洁的穿着能给人以信赖感。某企业人力资源部经理在谈到招聘员工的条件时，就把个人形象列为重要的一条。他是这样说的："穿着邋遢者不要。来应聘者不需要穿名牌，但最起码要保持衣着的干净、整洁。扮酷？对不起，你用错了地方。"

作为一名职场中人，将自己包装得越得体，你就越容易让上司或同事接受你，甚至着装有时会对你的成功起到决定性的作用。上班时洁净大方的着装胜过千言万语的表达。从一个人的着装可以看出一个人是心思细腻还是粗心大意。如果你是老板，让你从中选择一个雇员，想必你也不会选择那个粗心的人。因不修边幅而在职场遭遇滑铁卢的大有人在。

阿文是个非常聪明和有上进心的程序员，进了一家大型计算机公司后，很快就成了公司的骨干，深得老板赏识。同事们刚开始也对他的勤奋和能力很佩服，可过了一段时间后，同事开始在老板面前对他颇有微词。

程序员工作要求严格，阿文又是个工作狂，他经常全神贯注地投入工作，而很少注意身边的小事。他的头发永远像一堆乱草，手指甲因为经常抽烟而又黄又黑。到了夏天就更糟糕了。因为怕热，他经常穿一条大短裤，趿拉着一双拖鞋就上班。不仅女同事对他的这副装扮难以容忍，连男同事也暗地里直摇头。忙的时候，只见他打着赤脚在办公室里穿梭往来，拖鞋被他踢得这儿一只、那儿一只。他的办公桌周围只能用一个"乱"字来形容。

同事们从他身旁过的时候，都侧头掩鼻而行。为什么呢？因为他经常不洗澡，身上都散发出汗臭味了。很多时候，他可能早上从床上爬起来就直接来上班了，同事们连说话也不敢近距离跟他说。

老板把阿文叫到一边，委婉地说："你的工作表现我是很认可的，但在公司不同于在家，在个人形象和穿着上还是要正规一些。"阿文嘴里答应着，回过头工作起来，老毛病又照常犯。

同事们逐渐从有抵触情绪到极度不满，他们坚决地向老总提出抗议，认为办公室里有这样的同事极度影响他们工作的心情和效率，希望老板尽快采取措施。权衡利弊，老板只好忍痛割爱，辞退了他。

虽然阿文很优秀，却得不到同事的尊重和事业的发展，就是因为他太不注重个人形象了。老板的做法是对的，不可能因为他一人得罪所有的员工，毕竟一个公司的运转是需要各种各样的人才的。

如果你不把着装当成一件大事来做，在职场中一开始你就会比别人差一大截。着装上的细节体现了一个人对工作、对生活的态度。"人靠衣装马靠鞍"，如果你希望树立起自己的良好形象，并在职场中有所作为，你就要重视着装。

某公司在竞聘总经理助理的过程中，该公司总经理在会场说了这样的一番话："大家好！我一个月才来这里一次，今天有幸和大家说上几句。刚走进这个会议室，你们中的一部分人就给了我这样一种信息：其中有人超过一周没洗过澡，甚至有人超过三天没洗过脚。"

他说完这些话后，就见下面在座的人有的在笑，有的不好意思地脸红了。总经理自己也笑了起来。他接着说："这是空气传达给我的信息。第二个信息就是，我从你们的着装上可以看出谁是认真对待这次竞聘，谁只是跟着来这里看看热闹的。"

这时，没有人笑，只是有些诧异地看着上面这位不怎么相识的总经理。

"其实，我还可以从你们的着装中看出谁性格活泼好动，谁有些内向沉默。当然这不是我们这次竞聘的主要看点，我们注重的是一个人的能力。不过，如果你给人的第一印象就不是很好，即使你再怎么有能力，你也很

难得到一个发挥才能的空间。"

很多人都在深思。

"我知道你们今天会答一些题，明天有一些人将不在这里出现。我希望明天出现在这里的人，都以一种崭新的姿态出现。男职员要穿西装、打领带、穿皮鞋，没有的，可以在正式上班之前弄到；女职员可以稍微打扮一下自己，上点口红，这样看起来就会很有精神。"

故事中的经理以一种诙谐的方式告诉他的员工：一个人要想脱颖而出，首先就应该懂得着装。

在竞争如此激烈的当今职场中，千万别把着装当作一件小事而不去重视。职场着装已经不是简单的穿衣戴帽，严格地说，它既是一种技巧，更是一门艺术。站在礼仪的角度上来看，着装是一项系统工程，由此能折射出一个人的教养与品位。你或许很小资、时尚，你或许认为只有穿戴上那些怪异的服饰才有个性。但不要忘了，现代职场要求的是穿职业装，否则只能让你的同事们窃窃私语和投来异样的目光。

从本质上讲，着装与穿衣并非一回事。穿衣，往往所看重的是服装的实用性，它仅仅是马马虎虎地将服装穿在身上遮羞、蔽体、御寒或防暑而已，而无须考虑其他。着装则大不相同，着装实际上是一个人基于自身的阅历、修养或审美品位，在对服装搭配技巧、流行时尚、所处场合、自身特点进行综合考虑的基础上，在力所能及的前提下，对服装所进行的精心选择、搭配和组合。在各种正式场合，不注意个人着装者往往会遭人非议，而注意个人着装的人则会给他人留下良好的印象。

许多大企业对员工的着装要求极为细腻，超出了任何人的想象，衣着、谈吐、行为与反应等都已经被纳入了考察员工是否敬业和优秀的范畴。

如果你想成为人际高手和职场精英，在事业上有所作为，那就千万不要忽视了自己的形象，对于着装仪表这个你一直觉得不起眼的方面，从今天起就重视起来。

〉〉怎样规避邋里邋遢、不注重个人形象的错误

一、着装要体现仪表美，给人以整齐、整洁、美好的形象，主要从以下几个方面做起：

● 根据不同的场合选择不同的衣服，如在正式交际场合和上班时，就不能穿暴露、透明和过短、过紧的服装，这样不但容易给人留下轻浮的印象，还会造成诸多不便。

● 穿衣服前要进行合理的颜色、样式搭配。服装的颜色、样式要和谐、得体，展现着装的整体之美。如女士穿深色的衣物时不妨搭配一条亮丽的小丝巾，这样既能让人眼前一亮，又不失庄重。男士的衬衣样式和颜色要与西服的样式和颜色相呼应，皮鞋也一样。

● 每个人应有自己的穿衣风格，不应该追赶潮流和盲目模仿。应根据自己的肤色、身材、年龄、职业等特点选择能够扬长避短的穿着方式。

二、要保持个人良好的仪容卫生，主要注意以下几点：

● 勤洗头发、梳理头发，既能给人以朴素整洁的形象，还能让自己显得利落和精神。在正式社交场合，最好不要把头发染成黑色以外的颜色。

● 勤做面部清洁与修饰。如男士要剃净胡须，不能让鼻毛露在外面，最好不留小胡子和大鬓角；女士应该适当化点淡妆，但不能过，浓妆艳抹会让人感觉轻浮和没有品位。

● 不忽视细节。好的形象是从内散发到外的。如勤洗澡、勤换衣袜、勤剪指甲、勤漱口都能给人以清新舒适之感。另外，除非在家，否则不要吃有异味的食物。在公众场合，应注意自己嘴里是否有异味，必要时用口香糖或口腔喷液祛除异味。

丧 失 诚 信

——诚信是人生大厦的基石，人无诚信便丢失了立世的根本

◎讨厌指数：★★★★
◎有害度指数：★★★★★
◎规避指数：★★★

【特征】

1. 唯利是图，一切以自身利益为重，不惜违约和损害他人。
2. 谎话连篇，弄虚作假，掩饰是非。
3. 花言巧语，欺瞒坑骗，谁离他近谁遭殃。

　　一个人无论在何处，无论所从事的是什么职业，都需要四个字——"诚实守信"。诚信是一个人的立世之本。《晏子春秋》里讲："言无阴阳，行无内外。"《墨子》里讲："言必信，行必果。"说的就是人要言行一致，别丧失诚信。大到一个集体，小到一个人，如果一旦失去"诚信"，事业就会变成"无源之水"、"无本之木"，个人也会变成一只"孤雁"，很难展翅高飞。

2002 年发生在日本国内的那件"雪印公司"的丑闻，想必很多人不会忘记。

1925 年成立的这家公司，曾是日本人心中的白雪公主，因为该公司一贯诚实守信。每一个人说起雪印，都面带自豪。但是，就是这家公司，在 2002 年 1 月，利用本国政府收购国产牛肉避免疯牛病的机会，将滞销的澳大利亚的牛肉冒充国产牛肉牟取暴利。这一丑闻被曝光后，立即轰动了整个日本，这家公司成为人们唾弃的对象。

丑闻被揭发后的第二天，日本各大商场纷纷停止销售"雪印公司"的产品。一个月内，该公司的股价暴跌 44%。截至 2003 年 3 月底，该公司亏损 7600 万美元。各大超市从货架上清除了雪印产品。在两周不到的时间内，"雪印公司"名誉扫地，产品陷入无人问津的地步。一个在消费者心中有着很高信誉的公司，竟会做出这种不道德的事情。

"雪印公司"落得如此下场，应该说是丧失诚信的结果。那些把讲利益看成比讲诚信更重要的人，受到了社会的鄙视，不但没有达到"利益最大化"，反而身败名裂，鸡飞蛋打。

诚信缺失，不论是做人、经商，都注定要失败的。因为诚实守信是一切的根本。

有人说，诚实守信就像是人生命的一种"轮回"，前一轮的诚信行为会构成下一轮的善果，构成下一轮财富，如此循环，人和事业就会越来越好。这种诚信的"轮回"不论是对人，还是对集体，都同样适用。

影坛巨子成龙出生在香港一个贫困家庭，很小就被父亲送到戏班，戏班里的管教异常严厉，他在师傅的鞭子与辱骂下吃尽苦头。时间不长，他就偷偷跑回了家。父亲勃然大怒，坚决叫他回去，还教导他说："做人应当信守承诺，已经签了合同，绝不能半途而废。"于是，成龙只好重新回到戏班，刻苦练功，终于学有所成。

父亲那段话深深地印在了小成龙的心里，影响到他日后的做人。后来，经人介绍，成龙进了香港邵氏影视公司，在片场跑龙套。他扮演的第一个角色居然是一具"死尸"。由于学得一身好功夫，为人厚道，几年下来，他逐渐担当主角，小有名气，每月能拿到 3000 元薪水。

有一天，行业内的何先生约他出去，请他出演一个新剧本的男主角，告诉他除了应得的报酬外，由此产生的 10 万元违约金也给他。何先生是和公司因某种事情而违约的？他怎么能要这违约金呢？成龙推辞，何先生却强行塞给他一张支票，便匆匆离去。成龙仔细一看，支票上竟然签着 100 万，好大一笔钱啊！从小受尽苦难，尝遍贫苦艰辛的他，不就是盼望能有今天吗？可转念一想，如果自己毁约，手头正拍到一半的电影就要流产，公司必将遭受重大损失，而且自己的名声在影视圈里也会被贬低。

成龙一宿难眠。次日清晨，他找到何先生，送还了支票。他说："我也非常爱钱，但是不能因为 100 万就失信于人，大丈夫当一诺千金。"从此，何先生非常欣赏这位年轻人。这件事情很快传开了，全香港的人都知道成龙是个守信的人。

成名后的成龙，在一次电视访谈中回忆起这些往事，感慨万千："坦率地讲，我现在得到了很多东西。但是，如果当初我背信弃义，从戏班逃走，没有这身过硬的武功，或者为了得到那 100 万一走了之，我的人生肯定要改写。我只想以亲身经历告诉现在的年轻人，金钱能买到的东西总有不值钱的时候，做人就应当诚实守信，一诺千金。"

做事先做人，最珍贵的莫过一诺千金。多么启迪人生的一句话啊！

诚信是一个人必备的素质，有着真金白银般的经济价值。正如有人所说：人海之中"信"作舟。守信者会发展壮大，失信者将自食其果，最终失去自己生存的环境。

2004 年某省的高考作文题是一则寓言：

一个年轻人背着"健康"、"美貌"、"诚信"、"机敏"、"才学"、"金钱"、"荣誉"七个背囊，上了一只小船。艄公说："船小负载重，年轻人须丢弃一个背囊方可安渡难关。"年轻人就把"诚信"抛进了水里。船行到河中央，遇到了漩涡，小船眼看着就要被吞没，年轻人要人们救他，但是因为他把诚信扔进了水里，没有一个人救他，年轻人最后被淹死了。

年轻人是因为抛弃了"诚信"而付出了生命的代价。由此看来，诚实守信是多么的重要。那些不诚实守信的人，很难在社会上站稳脚跟。哲人说："人无信不可，业无信不兴，国无信不立。"大量事实证明，丧失诚信者，

可能逞一时之快，得一时之利，但最后都会身败名裂。从古至今，任何成功的事业都是建立在诚信的基础之上的。

周朝周幽王有一个叫褒姒的爱姬，这个爱姬有着倾国倾城之貌，但是却从没有开颜笑过。为此，周幽王很苦恼，他想出了一个办法——烽火戏诸侯，想换取爱妃的一笑。

一天傍晚，周幽王带着爱姬褒姒登上城楼，命令四下点起烽火。临近的诸侯看到了烽火，以为犬戎（当时北方的一个部族）来犯，便领兵赶来救援。褒姒看到各路诸侯在城下不知所措的神色，终于舒心地笑了。这时，诸侯才知道这是幽王为了取悦爱姬而搞的恶作剧。他们对国君感到很失望，拨马离开了。

事隔不久，犬戎果真来犯，周幽王虽然点起了烽火，却无援兵赶到。原来各诸侯以为周幽王是故伎重施。结果都城被犬戎攻下，周幽王也被杀死，西周就此灭亡。

周幽王是咎由自取，这是他丧失诚信而导致的恶果。如果没有他以前戏弄诸侯，那他最后就不会国破人亡。

无论你是谁，如果你不做到诚实守信，就会遭到失败。而真正做到诚实守信、一丝不苟又是何等的艰难。诚信是一个人长久修来的正果，它并非一日之功。它渗透在人们平常的言行和举止之中。

"狼来了"的故事，妇孺皆知，这个故事使我们早在孩提时代就感受到做人要诚实守信的重要。抛弃诚信的人，一定会亲自吞食不诚信所带来的恶果和痛苦。

在日常生活中，人们被你骗了一次、二次，那么第三次还会相信你吗？你再怎么花言巧语，人家也不会相信你了。所以说，失诚信者失人心，而失人心则失天下。没有诚信，则人心分崩。信人者，先知人，知人而后信人，这是聪明人的为人处事法则。因为，人与人之间的信任度，直接影响到事业的成败。丧失诚信不仅影响到事业，而且也影响到爱情。

有这样一个美如天仙的少女，每天都有人向她求婚。这一天，一个小伙子来到她家，表明了自己的心意。

少女对小伙子说："如果你真的爱我，请在我家楼下待上半个月的时

间，到时候我会自动下楼跟你回去见你父母，答应和你处朋友。"

小伙子答应了。此时是隆冬季节，小伙子顶着雪花，站在北风里。而少女抱着暖炉，在窗前笑嘻嘻地看着外面那个"忠诚卫士"。小伙子各方面的情况都挺好，少女也很中意。

十五天过去了。第十六天时，少女还是没有下楼，她看着楼下的小伙子，心里一阵狂喜，她想看看他对自己的爱究竟有多深。但是，就在她兴奋的时候，却看见小伙子拍拍身上的雪花，向她望了一眼后，若无其事地走了。

少女不明白这是为什么。很快，小伙子给她来了电话，告诉了她答案："我坚持了那么多天，是想证明我对你的感情是真心的，我有多么的爱你；而我走了，不是我坚持不下去了，而是我想保留一个男人的尊严。你永远也别想得到男人的爱，因为你不守信用。"

少女在诚信面前跌了跟头。她应该感谢这个小伙子，如果她真的能够认识到自己的错误，那么以后她还会有幸福的婚姻生活。否则，她很难得到真爱。不仅会丢掉爱情，也会丢掉友情，孤独终生。我们身边不是也有许多因不诚实守信而导致与恋人分手、家庭破裂的人吗？

一个诚实守信的人，最终成功可以说已成定局。而丧失诚信，注定会失败，绝不会有大作为和长久发展。因为人们不愿意与一个缺失诚信的人合作、深交。没有了合作者、没有了人脉，还能干成什么事呢？

墨西哥总统福克斯在本国的历史上十分有名。有一次，福克斯受邀到一所大学去进行竞选演讲。

大学生问福克斯："在你从政的道路上有没有撒过谎？"

福克斯回答："没有。"

人们不相信，因为每一位政客都这样表白。

福克斯说："我并不想辩解，我先给大家讲一个故事，你们听完这个故事再下结论我是一个什么样的人。有一位绅士，他觉得自己家花园中的那座旧亭子应该拆掉了，就让工人动手拆。而他的儿子对拆亭子很感兴趣，想要看看旧亭子是怎样被拆的，让父亲答应他，等他放学回来再拆。父亲答应了。孩子上学去后，工人很快把亭子拆掉了。孩子放学回来，发现亭子已经被拆除，便指责父亲说谎。父亲觉得很对不起儿子，于是，召集工人让他们按照旧亭子的模样重新在原地造一座亭子。亭子造好后，父亲叫来了孩子，这才让工人们开始拆亭子。"

大学生们问这位父亲的名字，希望认识他。

福克斯说："我认识这位父亲和他的孩子，这位父亲并不富有，但是他却为孩子实现了自己的诺言。父亲已经过世了，可他的儿子还活着。"

大学生们问："那么他的孩子在哪里，他应该是一位诚实守信的人。"

福克斯说："他的孩子现在就站在这里，就是我。我想说的是，我愿意像父亲那样为你们拆一座亭子。"

台下掌声雷动。福克斯的演讲成功了。

这次演讲为福克斯日后仕途的平步青云打下了人脉基础。

人的竞争有多种表现形式，其中自己证明自己最有力，最能被他人认可。而证明自己给别人，诚实守信是最佳的表现形式。作为一名成功者，牺牲一些物质以赢得众人的信任，这样会为他今后的成功奠定坚实的基础。诚信是立身之本，诚信能够彰显一个人良好的品质，他可以把耻辱变成光荣，把困窘变成通达，因此在任何时候我们都要保持诚信，切不可丧失诚信。因为丧失诚信，会自己把自己逼入一个大陷阱，让别人不信任，时时刻刻提防，那样的下场是可悲的。

〉〉怎样规避丧失诚信的错误

● 诚实守信惠及大家，所以平时诚信的树立也要依靠大家。从我做起，从身边的点滴小事、一言一行做起。

● 在生活中，可能会遇到一些讲假话、说话不算数的人，用心辨别，避免上当。

● 对那些见利忘义的人要远离，因为这些人只可以与你同富贵，却不能共患难。

不注重积累人脉

——一个人缺少朋友的帮助，就会陷入孤立无援的境地，很难想象会获得成功

◎讨厌指数：★★★
◎有害度指数：★★★★
◎规避指数：★★★★★

【特征】

1. 人际关系紧张，生活圈子小，真心相待的朋友少。

2. 凡事斤斤计较，不肯吃一点亏，心胸狭窄，自私自利。

3. 爱钻牛角尖，拿得罪人不当回事，离群索居，处于孤立的境地。

人活着需要各种各样的朋友，不同的朋友可以满足人们不同层次、不同方面的需求。各种各样的朋友组成人脉网，而这张网是一种潜在的无形资产，是一种潜在的财富。表面上看来，它不是直接的财富，可没有它，就很难聚敛财富。即使你拥有很扎实的专业知识，也不一定能够成功地谈妥一笔生意。但如果有一位关键人物协助你，或者在关键时刻为你说上一

句话，相信你一定能成功。

在美国，有一项这样的调查，一家专业机构对 2000 多位雇主做过一次问卷调查："请回答贵公司最近解雇的 3 名员工被解雇的理由是什么？"雇主回答的结果十分惊人，无论什么地区、什么行业的雇主，2/3 雇主的答复都是："他们是因为不会与别人相处而被解雇的。"

我国的一项调查显示：离职下岗的人员，90% 以上是因为没有处理好各种人际关系而被解聘。从中可以看出人脉关系的重要了。

明朝洪武年间，大学士宋濂智谋出众，文才过人，为官廉洁，不贪财物。皇帝朱元璋十分赏识他。他曾在自家门上贴一对联："宁可忍饿而死，不可苟利而生。"

一次，一位朝中贵人请他写字作文，并送来黄金千两。宋濂以身体不适推托，一口回绝了来人所请。宋濂的家人感到奇怪，就对他说："来人是皇上身边的红人，他又没有亏待你，没有必要得罪他啊！万一他心生嫉恨，不是对你不利吗？"

宋濂说："此人品格不佳，不学无术，只会奉迎皇上，我讨厌他。"

宋濂平时傲气十足，只要是他不满意的事，他都会当面指出，不留情面地责备他人。为此他得罪了很多人。

宋濂对朱元璋也不那么客气，别人不敢说的话他都会直接讲出来。朱元璋对宋濂心中有气，表面上却不加责怪，无奈作笑。

宋濂告老还乡后，每到朱元璋生日的时候，他都要到京城给皇上祝寿，参加朱元璋的恩赐宴会。这一年朱元璋生日将至，宋濂却改变了主意，他对家人说："我现在老朽不堪，每年进京时都十分劳累，今年我就不入京了。"

家人不同意他的决定，说："我们的一切都是皇上所赐，岂敢对皇上不敬呢？你如果今年缺席，皇上肯定会有很多猜疑，说不准还会麻烦上身啊。"

宋濂自信地说："皇上怜我老迈，怎会怪罪于我呢？再说我现在是无官一身轻，早厌烦那些礼节了。"

朱元璋生日那天，正巧宋濂闲来无事，便和几位同乡饮酒赋诗。几位

和宋濂关系不好的大臣趁机奏宋濂一本，告他目无君王自高自大。朱元璋得知此情，立时翻脸，他恨恨地说："宋濂自恃有才，朕已忍他很久了，想不到他变本加厉，竟敢轻视朕！这样的人不知天高地厚，还想活吗？"于是，朱元璋马上命人前去杀掉宋濂，以泄其恨。马皇后在旁劝阻，苦苦央求，宋濂才得免一死。从此之后，二人君臣关系彻底破裂，宋濂傲气顿消，整日心惊肉跳。

宋濂就是一个典型不注重积累人脉的人，耍自己的个性，不顾对方的想法，不注意处理好与身边的人的关系，弄得差点丢了性命。

哈维·麦凯是美国的一个青年人，他从大学毕业那天就开始找工作。当时的大学生很少，他自以为可以找到很好的工作。但是，一个多月过去了，他却一无所获。

哈维·麦凯的父亲是个记者，认识一些政商两界的重要人物。其中有一位是布朗比格罗公司的董事长沃德。哈维·麦凯打电话到沃德的办公室，起初秘书不让见，后来他提到他父亲的名字，才得到跟沃德通话的机会。沃德告诉他，第二天上午 10 点钟直接到他办公室面谈。

第二天，哈维·麦凯如约而至。不想招聘会变成了聊天，沃德兴致勃勃地聊起和哈维·麦凯的父亲的那一段交往，整个过程非常轻松愉快。聊了一会儿之后，沃德说："我想派你到品园信封公司工作。"

找了一个多月工作的哈维·麦凯，站在铺着地毯、装饰得精致考究的办公室内。他不但顷刻间有了一份工作，而且还是薪水和福利最好的单位。42 年后，哈维·麦凯已经成为全美著名的信封公司——麦凯信封公司的老板。哈维·麦凯说："感谢沃德，是他给了我工作，是他创造了我的事业，也是我父亲的关系帮了我。"

哈维·麦凯在品园信封公司的工作当中不仅熟悉了经营信封业的流程，懂得了操作模式，学会了推销的技巧，还积累了大量的人脉资源。这些人脉关系在日后成了哈维·麦凯成就事业的关键。

我们所认识的每一个人都有可能成为我们生命中重要人，可能帮我们成就事业的辉煌。哈维·麦凯就是一个好的例子。成功之后的他深有感触地说："每一个人都有自己的人脉网，只要善于开发，每一个人都会成为你

的金矿。"

美国总统西奥多·罗斯福也曾说过:"成功的第一要素是懂得如何搞好人际关系。"

如此看来,好的人脉关系可以让一个人更容易接近成功,可以带来源源不断的运气和财富。反之,如果没有很好的人脉关系,那就免不了处处碰壁、事事不顺,更谈不上才华的施展、工作的进展与成绩的取得。

李丽是一个中年女人,几年前下岗,因平时特别喜爱化妆品,所以她去了南方一家公司,开始做起了化妆品的推销工作。

一开始,李丽就发现推销工作根本没有她想象的那么轻松,并不是凭着热情,凭着她把那些化妆品的特点、性能等背得滚瓜烂熟就可以完成的。她都不知道去哪里推销新产品。她眼看着身边的那些姐妹坐在办公室里,轻轻松松地靠打几个电话就把任务完成了。她心里十分着急。

没有人脉关系的李丽陷入了困惑之中。后来,一位同事大姐告诉她,先从身边的朋友入手进行推销,也许会有转机。可她大学毕业后就很少和同学来往,而且下岗之后就一直待在家里,认识的人不多,平时和亲戚走动的也不勤。她数了一下,结果到目前为止,根本就没有几个真正来往的朋友。

但是,李丽不死心,她在实在没有办法的情况下,找到同学的通讯录,鼓起勇气,向一位好久都没有联系的同学打电话。结果,对方一阵客气话之后,她求的事遭到了拒绝。然后她又鼓起勇气,开始打第二个电话。令她气恼的是,这个人非但没说帮忙,还奚落了她一顿。李丽默默地流下了眼泪。不久,她便辞去了工作,返回家中。

李丽的失败在于她没有一个好的人脉关系网,不善交际成为她工作中最致命的弱点。她的能力比别人差不了多少,关键是朋友太少。"在家靠父母,出门靠朋友","多一个朋友多一条路"。一个人如果不能交到朋友,没有几个朋友,那今后的工作和生活就不会顺畅。

我们常看到在一些职能部门工作过的人,无论是做生意还是办事情,总是容易得多,成功率也高。是这些人的能力强、水平高吗?这方面的原因固然有,但是其中一个重要的原因是他们妥善地利用了自己的关系。而

相对而言，那些普通人在事业上展不开手脚，赚钱、办事有些艰难，原因也是多方面的。但是，其中主要的一点就是他们的社会关系太简单，人脉单薄。在现代社会，朋友少、路不通，办起事来自然就磕磕绊绊，不尽如人意。

有人这么形容人脉：人脉就是钱脉，就是成功，就是生命。这么说一点不为过。我们先来看看发生在东北一个偏僻山沟里的故事。

13 岁的小虎天真可爱，这天，他的父母去城里卖菜，留下他和 60 多岁的爷爷在家。

小虎在门前玩耍时，不小心被一条长约 20 厘米的灰色毒蛇咬伤了右手。爷爷赶紧用绳子扎紧孙子的伤口。之后，爷爷也没有在意。可是到了傍晚，小虎那只被咬伤的手臂肿得越来越大，很快就蔓延到腋下，而且小虎发起烧来。爷爷这才知道事情严重了，他必须赶紧把孙子送到几十里外的医院。

老人腿脚不灵活，再加上着急，一个人弄不动小虎，他就向邻居求救。可是，小虎的妈妈和这家邻居打过架，两家关系不好，平时也不说话。小虎的爷爷不知道这情况，他急匆匆地来到邻居家，说明来意。那邻居却慢慢吞吞，不说帮忙也不说不帮。时间就在这一分一秒中过去了。小虎出现了昏厥，爷爷急了，一个人背起孙子，磕磕绊绊地向医院走去。直到在路上碰见一个好心的村民，才背着小虎跑到医院。

赶到医院时，小虎的整只右胳膊肿得跟小腿一样粗，血压已经很低，医生说若再晚来一点，孩子就有生命危险了。

那家邻居见死不救的做法如何不对，我们先不去评论，就说这邻里之间的关系，也是一种人脉。如果小虎的母亲平时注意和邻居搞好关系，也不至于到了这关键时刻，对方无动于衷。幸亏路上遇到了好心人，要不小虎的命就没了。

成功人士都知道人脉对自己成功的重要性。

美国某大铁路公司总裁 A．H．史密斯说："铁路的 95%是人，5%是铁。"

成功学大师卡耐基经过长期研究得出结论："专业知识在一个人成功

中的作用只占 15%，而其余的 85% 则取决于人际关系。"

无论你从事什么职业，学会处理人际关系就等于在成功路上走了 85% 的路程，在个人幸福的路上走了 99% 的路程。美国石油大王约翰·D·洛克菲勒就曾说："我愿意付出比得到天底下其他本领更大的代价来获取与人相处的本领。"

去年，某机构曾在商界做过一项能力调查，结果显示：管理人员的时间平均有 3/4 花在处理人际关系上。可见人脉关系占的比例有多大。人要想成功、想家庭幸福，那就一定要注意营造一个适合自己的人脉关系，包括家庭关系和工作关系。中国有句古话，叫作"家和万事兴"。你与配偶的关系如何，决定了你婚姻是否幸福。同样，你与同事、上司及雇员的关系决定了你事业的成败。一个没有良好人脉关系的人，即使知识再丰富，技能再熟练，也得不到施展的空间，最终将一事无成。

〉〉怎样规避不注重积累人脉的错误

● 工欲善其事，必先利其器——积累人脉资源，最重要的是不断交往，善于交往。

● 对于不善于交往的人，要走出自我封闭的小圈子，多参与集体活动。主动建立关系，扩展自己的人脉网络，是创造财富和寻找人生机遇的捷径。

用极端的方式解决问题

——用极端方式解决问题，不但解决不了问题，
反而会陷入更大的麻烦中

◎讨厌指数：★★★
◎有害度指数：★★★★
◎规避指数：★★★★★

【特征】

1. 认死理。只要是他认定的理，别人怎么说都没用。
2. 钻牛角尖。想事情不会换角度或方式，一条道走到黑。
3. 解决问题爱用极端的方式，一竿子捅破天。
4. 为人处事两极化。事物非好即坏，世界非黑即白，一切呈现泾渭分明的两极。

　　用极端的方式解决问题，也就是平常说的爱走极端、"钻牛角尖"，还有好听点的说法叫作"完美主义者"。事实上，喜欢用极端方式解决问题的人背后往往存在着心理上的隐患，或者说是性格上的误区。一般走入这种性格误区的人，往往容易把理想、目标定得过高，无法容忍任何小的

失误或瑕疵。一旦事情偏离自己预想的方向，就会产生彻底失败的感觉，进而怀疑自己的能力，认为自己一切都不行了，出现极度自卑的心理，进而做出一些极端的行为或极端的事情。

在走极端的人眼中，事物不是好的就是坏的，世界不是黑的就是白的，一切呈现泾渭分明的两极，不存在中间地带。实际上，世界并不是只有纯白或者纯黑，还有很大一部分的灰色地带；事物也不是非好即坏，更多的是好坏掺杂的复杂体。因此，走入极端，容易让人对事物的认识一叶障目、以偏概全，无论是思维方式还是行为方式都会误入歧途。

吴明是个平日里不多说话的人，老实斯文，本本分分。

25 岁的时候，吴明经人介绍认识了张红，经过一段时间的交往，情投意合的两个人喜结良缘。婚后，夫唱妇随，日子过得和和美美。一年后，张红生了一个健康的大胖小子。儿子的降生更是为两人的婚姻生活增添了无限的欢乐。

然而，好景不长，结婚两年后的吴明感觉下身疼痛、小便困难并伴有流脓的现象。去医院检查后，医生的诊断结果更让吴明感到难以理解，居然是令人难以启齿的性病。私生活颇为检点的吴明怎么也想不到自己竟然会得这种病。百思不解之下，吴明把怀疑的目光投向了活泼外向的妻子，再联想起妻子平日喜欢外出跳舞，吴明的疑心更重了。

妻子不贞的念头像一条毒蛇一样盘旋在吴明的脑海，挥之不去，对妻子的种种猜测令他难以忍受。他开始防备妻子，限制妻子出门跳舞，并开始不露痕迹地侦查妻子和其他异性的交往。

面对吴明的怀疑，妻子张红更感觉如哑巴吃黄连般的苦闷。为了消除丈夫的疑心，证明自己的清白，张红专门到医院做了一次检查，检查的结果非常明确，张红根本没有任何性病。面对这样的检查结果，吴明若能及时调整心态，认识到自己对妻子的误解，事情也就过去了。然而，极端的性格让他在事实面前依然固执地认为：自己得性病，唯一的感染方式就是妻子的传染。由于吴明的坚持己见，夫妻矛盾不断升级，一个好好的家再也没有了往日的快乐和温馨。

与此同时，家人也在为吴明的病四处求医。然而，心病在胸的吴明却

始终不能积极配合，配回的药物也不能按时服用，因此，病情不但一直未见好转，甚至出现了其他的并发症。而吴明将这些统统怪罪于妻子，内心的愤怒一点点地膨胀着。

随着吴明的病情和夫妻二人关系的恶化，两人之间的事情也逐渐被周边一些爱嚼舌根的人知晓。街坊四邻纷纷向他们投去了"有色"的眼光。妻子张红逐渐难以忍受这种"内外夹攻"的非议和精神折磨，于是向吴明提出了离婚的要求。吴明的父母对于儿媳的离婚请求拒不同意，并因此爆发了激烈的争吵。在吴明的心里，虽然对妻子有着疑心，但碍于面子再加上对于妻子仍留爱意，他并不愿意与妻子离婚。为了让张红回心转意，他苦口婆心地劝说。然而，面对着越来越多的误解，张红去意已决。万般无奈之下，吴明只得同意离婚。两人约好了一个星期后到民政局办理离婚手续。

此时的吴明，思绪完全陷入了悲观的极端。他觉得自己已经失去了一切，被迫离婚不但让他失去爱人，也让他在众人面前丢尽面子。身体和精神的双重病痛让他觉得未来已毫无希望，有的只是众人的轻视和孤独的煎熬。失意的人生让他萌生了自杀的念头，似乎只有死才能解脱这一切。想到妻子张红，他找到了痛苦的根源，今天的一切都是这个女人一手造成的，也是她绝情地抛弃了自己。爱恨交织的情绪在吴明的心中冲突翻腾，终于，望着熟睡中的妻子熟悉的脸庞，他举起了手中的屠刀……

最终，自杀未遂的吴明由于杀妻被判处死刑。

一声枪响，留给后人的是无限的警示……

上文所讲述的，便是一个以极端的方式解决问题的典型例子。故事的主人公吴明，由于自己的极端性格，亲手断送了一个原本幸福的家庭，也断送了自己的性命。死者长已矣，但其留给父母、幼子的伤害却是不可估量的。由吴明的例子可见，走极端是不理性的，会让生命和人性失去平衡。在中国的传统思想里，中庸之道一直备受推崇，这不光是因为极端常常意味着不安全，而且从一个极端走到另一个极端是一段漫长的路，因此智者常常选择中间的路走。

最近，常有年轻人特别是在校学生跳楼的消息见诸报端：成绩没考好，跳楼！和父母吵架，跳楼！求职遭遇挫折，跳楼！自己喜欢的明星结婚了，

跳楼！……

潭伍和同班一女同学吃完晚饭回学校上自习。由于停电，铃声没响，潭伍迟到了。当时政治老师李梅正组织一次考试。潭伍和女同学被李老师挡在了门口。讲明迟到原因后，同行的女同学被老师放进了教室，潭伍被留在了教室外。因为当时潭伍吃着冰淇淋，看见老师后，就把冰淇淋吐在了地上。为此老师说他态度不好，要他在教室外反省。潭伍说，他是为了和老师说话才把冰淇淋吐了的。师生两人就态度问题争吵了几句。在教室外待了一会儿，潭伍走进教室，收拾起书包然后扬长而去。随后，班主任把潭伍的妈妈叫到办公室，两人一起给潭伍做思想工作。潭伍最后答应给李老师道歉，并走出了办公室。走向教室途中潭伍越想越气，心里想着："要我道歉？可以，那我就用死来给她道歉……"随即便从阳台上跳了下去。

从高约 10 米的三楼阳台跳下，潭伍的腰椎受到严重撞击。据医院外科医生介绍，潭伍的骶骨处腰椎已是压缩性骨折。这对患者以后的行走功能，肯定有影响，至于影响有多大，就不好估计了！

看着这些处在花样年华的年轻人用极端的方式处理问题，我们在扼腕叹息的同时，也有必要发出这样的追问：是什么让他们的生命变得如此脆弱？他们对生命，难道就没有半点的留恋和责任感吗？

孩子们对生命的轻视只是一种表象，而根源却是我们整个社会生命意识教育的缺失。因激情而做错事，是历朝历代青春期年轻人都会犯的错误。只是在当下，更局促、更紧张的社会发展节奏和生命教育的缺失，使这个问题更加突出。

那么，有些人为什么要采用极端的方式解决问题呢？

极端性格的形成原因往往是因人而异的，但也存在着以下的共性：

首先，不良的成长环境。亲情缺失、家教过分严厉或家庭期望过高，都是造成走极端的常见原因。在这种环境下成长起来的人容易形成做事必求完美的性格特征，一不小心就会滑向极端；

其次，教育的片面性也是一个重要原因。在我国现有的教育制度下，千军万马争过独木桥，升学率第一。生活在这样的环境中，青少年儿童潜移默化中便形成了这样的思想观念：成者为王败者寇；

另外，我国传统文化中的中庸之道，待人接物提倡不偏不倚、调和适中。这些都是可以借鉴的。可是有时这些规则却被当成"滑头"、"无原则性"被全盘否定了。在这种环境下，人们做事力求完美，稍有差错，就深感沮丧；

再有，虚荣心强的人容易走向极端。事实上，虚荣心强是一种不成熟的标志。贪慕虚荣的人容易将自己的价值观依赖于他人，别人说他好，他就觉得自己春风得意、什么都好；一旦遭到别人的否定和打击，就又觉得自己一无是处、失败透顶。对自己和外界事物没有正确的认识，没有自己独立的思想，遇到问题就容易采取极端的处理方式。

英国首相丘吉尔有句名言："完美主义等于瘫痪。"这句话精辟地道出了完美主义的害处。心理学上所指的完美主义者是那些把个人的标准定得过高，不切合实际，而且带有明显的强迫倾向，要求自己去做不可能做到的事的人。

这世界没有绝对的完美，追求完美固然能把事情做到极致，但也会让人钻牛角尖。应重新树立评价自己的标准，改掉原来那种完美的、苛刻的、倾向于十全十美的标准，树立一种合理的、宽容的、注重自我肯定和鼓励的标准，学习多赞美自己，坦然愉悦地接受别人的赞扬并表示感谢。

〉〉怎样规避用极端方式解决问题的错误

● 适时释放压力。现今社会中，激烈的市场竞争、快速的上班节奏、知识迅速更新等都无形中给人们增加了更多的压力。如果没有明确的追求、良好的心理素质，就容易在压力的逼迫下用极端的方式去解决问题。进行明确目标的教育、健康心理的培养，或外出旅游都是释放压力的有效措施。

● 避免过度虚荣。虚荣心是生命的一种顽疾，它使你得意扬扬地到处炫耀；使你讳疾忌医掩盖自身的缺陷；在这种虚荣心的驱使下走向一些不合理的极端。拒绝虚荣心的干扰，内心平静释然，就能避免陷入极端。

介入复杂感情

——介入复杂感情无异于玩火，轻则心力交瘁不能自拔，重则惹火烧身害人害己

◎讨厌指数：★★
◎有害度指数：★★★★
◎规避指数：★★★

【特征】

1. 单恋、多角恋、婚外恋、同性恋等等，爱上不该爱、不能爱的人。
2. 感情不专一，责任感不强，背叛家庭和婚姻。

"天若有情天亦老，月如无恨月常圆。"人是感情动物，生活一世，虽不能说全是为了感情，但如果脱离了感情也就没什么意思了。情感在我们的生活中占据着重要的位置。健康美好的感情生活可以增强个人的幸福感，也是成功人生不可或缺的组成部分。感情是一种复杂的心理活动，它来源于生活，又常常感动着生活。它让人快乐，也让人痛苦，让人们拥有喜、怒、哀、乐等种种情绪。人有很多种感情，亲情、友情和爱情是其中最为重要

的三种。在这三种感情之中，爱情无疑又排在第一位。"问世间情为何物，直教人生死相许"。爱情代表着感性和温柔，让人们为生活奔波的心因为它而变得柔和，让枯燥乏味的生活因为它而生机勃勃、充满乐趣。

古往今来，有多少美好的爱情故事为人们所传颂和向往。然而，一旦陷入复杂感情，爱便成为错误，就显得异常苦涩而变成令人叹息的悲剧，给自己和身边的人带来灾难。

小月和小梅合租一套房子，巧合的是，她俩都很美，也很能干，并且还都结交了一位已婚男人做情人。小月每次和小梅谈论起她的那位心上人，都会大谈特谈对方如何爱她，他们的感情如何坚不可摧。后来有段时间她不谈这个话题了，小梅问起来，她才恨恨地说，她把电话误打到对方家里，被对方老婆接到了，劈头盖脸地被她一通大骂不算，对方居然也和老婆一起用同样恶毒、肮脏的语言来骂她。那一刻，她震惊极了，同时她觉得那情人跟他自己的老婆才真算般配啊。

小梅的情况也没好到哪里去。她的情人信誓旦旦地说等把孩子送出国去，回来就和老婆离婚，与她长相厮守。结果对方走后音信全无，原来是他有生意上的把柄被老婆攥住，离不了婚，也无颜再见她，就只好躲了起来。

生活里有许多女性都在扮演着小月、小梅这样的角色，日复一日地等待着那个有家室的男人召唤自己，在每一次夹杂着吵闹和激情的幽会之后，又眼睁睁地看着他回到自己老婆孩子热炕头的生活轨道上。就算那个男人最终肯为她抛弃自己的糟糠之妻，曾经的情人登堂入室成了女主人，那又怎样呢？家庭和激情通常是不相融的，适合和你疯狂恋爱的人往往是最拙劣的生活伴侣。而更为普遍的情况却是男人死守着他的家，情人永远只是情人，你若闹得太厉害，他就可以换掉你，但家他是不换的，不管那家里的老婆让他感觉多么索然无味。

爱人走在阳光下，成为身边的老公或妻子，是得到了社会认可的情人。情人飘忽在夜色里，被道德之墙裹起来不见阳光。其实，爱人和情人都只是自己喜欢的人，而不是爱的人；都是自己在寻爱的途中碰到的一个人，因为出现的先后或是当时当事人所处的情境或当事人周边环境的影响，使

其中的一个人成了爱人。但是，不管是爱人还是情人，最终都被自己否认是爱情，所以情人换了一个又一个。

有这样一个大家都很熟悉的笑话：当一个病重的人就要离开尘世的时候，他把妻子和情人都叫到了自己的床前。面对伤心哭泣的情人，他拿出了一片枯黄的树叶，说："这是我们第一次见面时，飘落在你肩头的树叶，我一直保存着，把它作为我生命中最宝贵的东西。现在我把它送给你，作为我们爱情的见证。"然后，他又拿出一个存折，对身边的妻子说："我们争吵了一辈子，以后也不用再吵了，这个存折给你，和孩子们好好生活吧。"

已婚的女人更应该记住这句话："聪明的女人不做人家的情人，不搞婚外恋。"华南师范大学心理咨询中心的副主任李江雪博士，曾经对一个出轨的女人进行分析而说过这样一席话：女人总是一厢情愿地认为，男人是因为爱自己才与自己发生性关系的。其实这往往是女人自己的想法，男人习惯用它作为借口来得到女人。结果女人就稀里糊涂地失去了自己。男人回到家里，面对老婆的逼问，男人最多的回答是"我并不爱她"；而女人的回答却往往是"因为我爱他"。心理学家研究发现，男人与女人在发生性关系的动机上是不同的，75%的男人表示性欢娱是让他们发生"婚外恋"的原因，而77%的女人出轨的原因是"陷入恋爱之中"。男人可以因性而爱，也可以为性而性，或者为其他的原因（比如为逃避或释放压力）而性。

情感错位有着很广泛的范畴。单恋、多角恋、婚外恋、同性恋等等，爱上一个不该爱、不能爱的人，都属于错位的复杂感情。爱与被爱是人的本能，当一段恋情开始，就已经注定既会有幸福，也会有泪水，结局如何只能靠自己把握。

以婚外恋为例：在"婚外恋"中受伤最深的往往是女人，女人如果在婚内得不到感情需求，那么在婚外也无法长久地得到。张小娴有一句话说得好：不能厮守终生的爱情不过是人生的一个转机站，无论你停留多久，最终也会乘另一航班匆匆离去的。爱情是刹那间的事，相爱总是简单，相处太难。女人爱上一个人容易，一旦想忘记却很难，也许用一生的时间也不能将他忘记。古人尚知"老来多健忘，唯不忘相思"。尤其是要忘记一个让你既爱又恨的人，那更是难上加难。你怎么能让自己为一时的冲动而悔恨终生呢？要知道，为任何放纵的行为最终承担责任的还是自己。

感情带给人温暖，同时感情也是纯净而神圣的。不认真对待感情，在感情上玩火，最终只会惹火烧身。

小丽是个很吸引人的女孩子，有着漂亮脸蛋、魔鬼身材，这样的女孩身边自然一直不乏追求者。然而小丽却心高气傲，一心要找个最完美的白马王子，就这样寻寻觅觅到了25岁，还未真正地谈过恋爱。一次下班回家的路上，小丽偶然瞥见路旁的橱窗中挂着的一条裙子，她一眼就相中了这条裙子，试穿了一下，裙子合身得像是为她度身定做的，于是当即决定买下。谁知一掏出钱包才傻眼了——自己带的钱不够。正尴尬之际，旁边一位风度翩翩的男士替她解了围，买下衣服送给了她。小丽非常感谢，并要了他的名片，以便日后还钱给他。就这样，小丽结识了王斌。王斌英俊潇洒、体贴能干，经过一段时间的交往，小丽坠入了情网。

然而，好景不长，小丽有次无意中在王斌的手机中看到一条信息："老公，最近还好吗？我和孩子都好，只是挺想你的。"小丽如同五雷轰顶，细问之下，才得知王斌在老家已经结了婚，且不久前刚升级做了爸爸。虽然王斌解释说那是他爸爸安排的，他是被逼的，他和妻子之间根本没有感情，但是小丽还是非常气愤，决定离开王斌。

她辞去了原本有着不错发展前景的工作，没有和王斌说一声就走了。她想离开这个伤心的地方，回到老家去养伤。然而，此时小丽才发现，她早已深深地爱上了王斌。因此，等王斌满脸憔悴地在家乡的小城找到她时，她流着眼泪重新回到了他的怀抱。她想，即使没有名分，能和心爱的人在一起，她也认了。

很快，王斌老家的妻子就知道了小丽的存在。为了报复小丽，王斌的妻子四处吵闹，大骂小丽是狐狸精，弄得单位的人和邻居们都知道小丽是个"人品不好的坏女人、勾引别人老公的狐狸精"。无奈之下，小丽躲回了老家。然而王斌的妻子还是不肯放过她，她带人到小丽的老家又打又砸地闹了一通。小丽走到哪儿都有人指指点点。觉得丢了面子的父母一气之下将她赶出了家门。在妻子的大闹和老丈人的逼迫下，王斌也渐渐顶不住

压力想要和小丽分手。而小丽此时已经有了王斌的骨肉。

　　介入一场复杂的感情是痛苦的，那种悲哀和伤痛往往让人感到心力交瘁。像文中的小丽一样，会失去爱情、失去名誉、失去工作。一段错位的情感就像一个难圆的梦，梦中人的亲密缠绵、刻骨铭心只有在梦中是真的，一旦回到现实，一切便化为乌有。这样的落差和转换往往让人难以承受，一旦得不到，就容易心理失衡。

　　面对恋人的退缩、家人的不理解、外人的看不起，小丽彻底崩溃了。她以孩子的名义邀请王斌和他的妻子前来租住的屋子里吃饭，并在饭菜中投入了安眠药。等到两人药效发作昏睡过去之后，她走进厨房，打开了煤气。

　　爱一个人没错，错的是爱上一个不该爱的人，让自己卷入一种复杂感情之中，且无力自拔。痛苦过、委屈过、甜蜜过、执着过、挣扎过，却总是冲不出自己编织的情网，有时竟是自己不忍也不愿冲出，守着那一份任谁都知道是虚幻的爱情，脸上却写满了疲惫和无奈。没有心情好好工作，没有心情好好生活，为了一份复杂不当的感情耽误了一生。

　　人是感情动物。在"情人"风盛行、"婚外恋"风靡的今天，人们似乎已将包养情人与婚外恋看成了一种时尚，一种地位与魅力的象征。殊不知，介入这种复杂感情中的人，到最后有几个不是心力交瘁、悔不当初的呢？

　　"情人"应以"情"为基础。仅仅是在物、权、色、财的驱动下相互利用、臭味相投、尔虞我诈，岂不是对"情"字的亵渎？至少堪称"情人"的男女双方，应是相互仰慕、心灵相通，能排除世俗的物欲和情感的占有欲的，他们的思想、品位、价值观、审美观等应在同一层次，双方同声相应，同气以求，这样才堪称"情人"。如果"情人"能成眷属，则当叫"恋人"。而往往"情人"双方皆有家室。当然这并不能一味地指责为不道德。他们之间往往有一段因缘或原本是青梅竹马的伙伴，命运的阴差阳错使他们失之交臂，又让他们在各自有家庭时意外重逢；或是心仪已久的精神偶像，一个意外的机会让他们彼此发现对方身上有自己需要的东西……但是，在生活谜底揭开的那一刹那，还有另外的东西相伴随，那就是现实角色的转换。离开各自的家庭与"情人"结成眷属会有幸福吗？作为男人，社会、家庭、事业压力之大，有必要为一个女人毁掉自己的家庭另结连理吗？能

爱别的女人，为什么不能爱自己的老婆？相互仰慕的男女双方真正共同生活在一起，又回到平淡琐碎的现实之中，还能保持"情人"般的热度吗？《廊桥遗梦》中的弗朗西斯卡可谓是一个深知个中真理的女人。

心中的美好幻想是要有距离才能保持永恒的魅力的。柴可夫斯基和华伦夫人通信18年，未曾谋面，她作为他的精神支柱使他创做出大量脍炙人口的名曲，可最后他们终于得以相见，柴氏却再也写不出一支曲子。所以做情人需要一种境界。如果你没有足够毁灭灵魂的爱情、足够面对世界的勇气和打破并重建一个家庭的精力，那就紧紧抓牢情感的缰绳，在得到呼应和证实时，不再苛求过多。那是一种宁静、深邃而又淡泊的境界，那是一种从容、闲适而又宽广的境界。人生是一场苦旅，能找到一份情感已应知足，又何苦弄得心力交瘁还执迷不悟？愿天下有情人，在为情所困、彷徨犹豫时，听一句女作家方方小说中的话："留他如客，送他如梦。"

不是质疑所有的爱情，但我们也应该正视错爱发生的概率。爱错了没关系，谁也不是先知先觉，在错爱诱惑下走一步两步都不可怕，最主要的是你要懂得潇洒地转身，懂得适时地放手。

〉〉怎样规避介入复杂感情的错误

● 考虑现实因素。开始一段感情之前，先要弄清楚对方的背景。

● 面对一段不恰当的感情，要懂得适可而止。不要明知不可为而为之。

● 在面临感情的诱惑时能够更聪明一点，更理智一点。要懂得适时抽身而退，输不起，但起码我们能够躲得起。

轻信他人鼓动，盲目投资

> ——这种错误的直接后果就是诱使你和你的钱财
> 一步步陷入表面上波澜不惊的沼泽

◎讨厌指数：★★★
◎有害度指数：★★★★★
◎规避指数：★★★★

【特征】

1.被他人所讲的美好投资前景所迷惑，对自身条件缺乏清醒的认识。

2.盲目，对自己所要投资的项目，缺少必要的市场分析和论证。

3.目标远大却不切实际，雄心勃勃却不肯脚踏实地。

　　有一个做梦都想发财的男人决定做买卖，希望赚一笔大钱，以此摆脱困境，使全家人过上好生活。思来想去，做什么买卖能挣钱呢？

　　在男人犹豫的时候，他乡下的表哥来了，出主意让他养宠物狗，说乡下人养这个很赚钱。男人心动了，于是便赶忙凑钱买来了一些宠物狗喂养，指望着年底能有大的收获。

可是过了不久，男人的表弟来了，表弟看见他养宠物狗，便笑他说这不能挣大钱，告诉他现在喂养獭兔更赚钱。男人的心又开始活动了，他想既然养獭兔比养宠物狗更能赚钱，那么自己为什么还要养宠物狗呢？那岂不是把赚钱的机会让给别人了吗？这样的机会怎么能错过呢？他脑子一热，就低价把宠物狗卖掉，四处借钱买来了许多獭兔。

后来又过了一些日子，男人的一个好朋友来了，看见他在养獭兔，就说那些都是以前想挣钱的人养的东西，现在不行了，因为乌龟比獭兔还赚钱。朋友告诉他，这个机会可不能错过去，过了这个村可就没这个店啦，机会难得。男人一阵兴奋，他又赶忙低价卖掉了獭兔，又借来了一笔钱买来了许多乌龟。

一年时间就这样过去了。到年底，男人卖掉了乌龟，一算账，结果他不但未能赚到钱，反而还倒赔了很多。男人陷入深深的痛苦之中，因为拿不出钱来还别人，他变得负债累累了。

这个男人自己没有一个具体的目标，只是别人说什么，他就做什么，根本不做市场调查，不经过认真的分析，不考虑这件事儿是否适合自己、是否对自己有益处，只是轻信别人的话而盲目投资，到最后，当然使自己"赔了夫人又折兵"，两手空空。

这个故事向人们阐述了这样一个道理：投资是事业发展的基础，一个人在投资方面要有自己的思想和头脑，要学会应用分析和判断问题的能力，而不是不考虑、听风就是雨，别人说什么就相信什么，没有自己的想法和主见，也不去验证自己所要做的事情是否可行，到头来自己什么也没有得到，弄不好甚至会一败涂地，连自己的老本都赔进去。

投资是一门科学。面对瞬息万变的市场，投资者如何根据自己的实际情况进行合理有效地投资，是很重要的。关于投资，有经济专家这么说："只有不合格的投资，没有不合格的项目。只要投资得当，再不好的项目也能产生好的收益。"这话说出了投资与事业的重要关系。投资的方法有很多，如何去把握呢？

每一个成功者的背后都有一个成功投资的故事，每一个失败者的背后也都有着一个投资不力的故事。而轻信他人鼓动，盲目投资，是其中比较

严重的错误之一，也是人们常爱犯的错误。

史玉柱在成功后，总结自己失败教训的时候这样说："我失误就失误在那时候不懂财务知识，将流动资金大量投入到固定资产建设，结果使企业流动资金枯竭。企业也受此拖累，最后支持不下去了。"他的这番话可以说明这样一个规则或者教训：不轻信他人，做到不熟不做。盲目进入不熟悉的新行业，失败的概率会很高。

任何时候，对于任何事情都要做到自己胸中有数、不听信他人，这是事业成功的先决条件。对于一个投资者来说更是如此。而听信他人的鼓动，盲目投资不熟悉的新行业，是做事业的大忌。

当然，这也不是要投资者不听别人的任何建议，一意孤行。建议是要听的，但是要做到有选择地听，听后要有自己的分析，看是否符合自己的实际情况，这样才利于资金的投入和合理使用，见其效益，利于成功。否则，就像下面这个故事里的年轻人一样，掉入水里还不知道是怎么一回事。

有一个年轻人第一次来小池塘钓鱼，正好有一胖一瘦两个老头在他的左右钓鱼。

不一会儿，胖老头放下钓竿，"噌噌噌"从水面上如飞地走到对面上厕所去了，一会儿"噌噌噌"地从水上又飘了回来。

年轻人的眼珠子都快掉出来了。水上漂？不会吧？这可是一个池塘啊。他忍不住就问胖老头，老头告诉他，那是上厕所的一条近道。过了片刻，瘦老头也站起来，"噌噌噌"地飘过水面去上厕所，不一会儿又"噌噌噌"地飘了回来。

年轻人想这方便了。这个池塘两边有围墙，要到对面厕所需绕十分钟的路。他想：两个老头走的路是一条近路，自己为何不也跟着走呢？于是，他什么也没有想，起身就往水里走，只听"咚"的一声，他栽到了水里。

两个老头将年轻人拉了出来，问他为什么要往水里跳。年轻人回答："我看你们都能走，就以为我也能走过去呢。"

两个老头相视一笑，说："傻孩子，别人能走的路自己未必能走，别人能干的事自己未必也能干啊！这池塘里有两排木桩子，由于这两天下雨涨水正好在水面下，我们都知道这木桩的位置，所以可以踩着桩子过去，

你不了解，怎么敢轻易向前迈步呢？"

这个小故事告诉我们：盲目地跟随只会使自己失去前进的方向，掉进水里被淹。任何事情都是在了解之后再行动，才能确保成功。"知己知彼，百战不殆。"这句话不仅适用在军事战略上，也适用在经济领域，尤其是对未来的投资方面。

投资是事业发展的基础，在各种投资大潮的冲击下，盲目投资是危险的。就像那个年轻人，在不了解情况的前提下，盲目跟随下水，被淹死的可能性就极大。因投资失误而使自己或公司步履维艰甚至惨遭淘汰的例子很多。

一家针织企业的年轻的总经理为企业效益的不断下滑而忧心忡忡，为企业下一步的投资方向而举棋不定。于是，他主持召开了中层以上管理人员大会。在会上，有人提出：现在保暖内衣正火，生产保暖内衣的人都赚了钱，不如我们厂也生产保暖内衣，那样一定能够赚到钱。其他参会的人也深表赞同。

总经理听了，大有一语惊醒梦中人的感觉。他还没有对保暖内衣市场进行调查，当即就决定投资生产保暖内衣。不久，产品生产出来了，但是却因为款式老、没有钱做广告而乏人问津。产品下了生产线就直接进了仓库，进到仓库没几天就变成处理品。变成处理品即使打到 3 折、4 折，仍旧没有人要。总经理这时候想转产，可是有限的资金全都投到保暖内衣上了，束手无策的他只好天天骂那几个出主意的人，可是即使骂破嗓子也没有用了。

这位年轻的经理以为投资也跟炒股一样，看到别人的生意很挣钱，以为自己跟入也可以大捞一笔，进去后才发现自己错了。

一个投资者，必须保持良好心态，冷静分析，慎重决策，否则就会决策失误，导致投资的失败。投资者在决定上马一个项目时，就应该对市场的各种变化做出预测，并有针对性地进行应变。这样一旦出现新的情况，也能根据变化后的情况随时做出调整。对于投资者来说，如何正确投资，回避投资误区，是成功与失败的关键，是企业获得成功的必修课。

一个大公司的白领男人，通过几年的努力工作，手头积攒了一些资金。他想寻找一个合适的项目自己投资做老板，但是，他不知道该做什么。一位朋友向他竭力鼓吹一个项目的美好前景，并且表示，只要他投资 30 万元，

其他一切事情他都不需要管了。他的这位朋友又一一列举了关于这个项目的市场调查,分析了这个项目的市场前景,结论是:此投资项目前景一片光明。

男人受到朋友的蛊惑,也没有对此项目进行分析和调查,便一口应允下来,拿出 30 万元投资。

结果,男人的朋友拿到钱以后,没多久就将项目做垮了,男人的 30 万元投资泡汤了,想当老板的梦想当然也跟着打了水漂。

这个想当老板的男人,失败是因为他太相信身边的朋友了,而且自己没有主见。对朋友的意见过度信任,认为朋友的话即代表了市场的真相,自己就无须再对市场进行调查,以至于导致投资失败。

人在做投资决策时,不要轻易相信任何人的意见与建议,哪怕这个人是赫赫有名的专家、你的亲兄弟或你的父亲母亲。这些人的话可以作为参考,但不能作为根据。要想知道梨子的滋味,就要亲自尝一尝。这是亘古不变的真理,适合任何人、任何事业,投资者更要牢记在心。

许多人都梦想自己能做老板,能成为大富翁,却不得其门,不懂得如何投资,对未来估计过于乐观,从而形成投资泡沫。投资理财也是需要技巧的,并不是靠朋友的帮助就能成功的。

情绪化的投资,也是听信他人、盲目投资的一种表现。

王经理是一家集体企业的经理,几年来,连续投资的几个新项目均由于各种各样的原因失败了。他受到周围人的冷落和怀疑,自尊心大受打击。于是,他暗自下决心,要东山再起。

他打算上一些新项目来扭转不利的局面。这时,他的下属呈上一个据说是一本万利的新商机——办服装加工厂。服装对他来说,是一个完全陌生的行业,他从来没有搞过服装,对服装行业一窍不通。但是,急于翻本和挽回形象的他连看都没有细看,更别说什么科学评估该投资项目了,当即就批准投资。用他的话来讲,就是:"一回不成,两回不成,我就不信这回还不成!"于是,他把最后的一笔资金投入到这个项目上,希望能成功。

结果半年之后,他的服装厂就败下阵来,他的这次投资又泡汤了。这最后一次的投资失败,使他的精神几乎崩溃。

一个投资者,需要的是耐心与冷静,而不是感情用事。一个理智的投资者，应学会对投资意见进行理智的分析。失败后想成功是好事，但是投资者因无法承受屡屡投资失败的压力，激起赌徒般的心理，以情绪化的思维决策方式去决定投资方向、投资项目，则必败无疑。

情绪化是最可怕的投资陷阱之一。一个创业者在任何情况下都必须有清醒的头脑，冷静而客观地决策。如果觉得自己把握不住，可以请专家或组织智囊团来帮助自己，但不能让情绪左右了自己的头脑。对自己所要投资的项目缺乏了解，对未来投资目标没有一个明确的认识，对自身能力也不清楚，这样只会导致投资一错再错。

对于投资者来说，不管你手里有多少钱，每一分钱都应该是宝贵的，每一分钱都要精打细算。不要轻信他人鼓动，盲目投资，那样即使你再有钱，最后也会赔个底儿空。好的主妇在持家的时候，都有一条经验，就是未算入先算出。投资者投资时，学学这些好主妇的持家经验没有坏处。

在决定要投资某个项目时，自己不仅要仔细想好，还要了解自己所做的事情，不要一时冲动，听信他人的鼓动盲目从事，那样只会摔得很惨。

一位投资大家说得好："海里的鱼再大，那不一定属于你；嘴里的鱼再小，总比看着海里的大鱼强。"所以想投资时，不要盲目地去投，更不要随便听信他人的鼓动，人家说经营什么赚钱，就去投资什么，投来投去，最终既浪费了许多时间，又损失了大笔的资金。

〉〉怎样规避轻信他人鼓动，盲目投资的错误

● 投资者在准备投资某一个项目时，要增加这方面的市场调查。

● 投资者在制定投资方案时，要重视自身条件，不听从别人的鼓动，不盲目跟风，对投资风险估计要足。

● 不能过分偏信他人的话，既要听他们在说些什么，又要以自己的智慧加以判断，提高投资的成功率。

● 在现有事业的基础上，多一些长远的眼光，对投资的目标要有长远计划才好。

对自己和环境认识不足，盲目创业

——盲目创业与幻想采摘天上的彩虹没多大区别

◎讨厌指数：★★★
◎有害度指数：★★★★★
◎规避指数：★★★★

【特征】

1. 对自己所要干的事业没有谨慎分析，对风险和困难缺乏足够的心理准备。

2. 不从自身条件及周边环境出发，凭一时的热情和兴趣做事。

3. 盲目攀比，过高地估计了自己的能力，觉得别人能成的事自己也一定行。

成就一番大的事业是每一个人的梦想。美丽的梦想，像一个五颜六色的花环一样诱惑人们为之努力拼搏。但是实现梦想的过程却布满荆棘，创业的路上有很多需要躲避的陷阱，对自己和环境认识不足，盲目创业就是其中的一种。

有人这么说：人盲目创业，犹如在悬崖上跳舞。

有一份调查统计显示：中国创业者在 3 年内生存下来的比例不到

20%，5 年内生存下来的比例则仅有 5 ～ 10%。也就是说 100 个人去创业，3 年后剩下的不到 20 个，5 年后能剩下的则只有 5 到 10 个。这个数字也许不那么准确，但它却向人们透露出这样一个信息：盲目创业导致失败的概率很大。

人们都知道托尔斯泰的那句关于婚姻家庭的名言："幸福的家庭都是相同的，不幸的家庭则各有各的不幸。"而对今天的创业者们，可以这么说："创业者的成功都是相同的，而失败则各有各的不同。"

军子是一名优秀的硕士生，他研究生毕业后，就一直在深圳的一家外资企业工作。有一次，一位朋友找到他，说认识深圳某通讯公司老总，这位老总有意开拓西北的通信市场，问军子有没有兴趣合伙。军子相信那家公司的声誉和实力，也相信凭借自己的能力一定会把西北的市场打开。于是，他十分爽快地答应了下来，不久就辞职了，和那家通讯公司达成了代理协议。

家人和朋友都劝军子要慎重考虑，他没有听。

军子赶回老家筹办营业厅。先是开始找房子，好的地方租金太贵，地段稍差的地方缺乏人流，生意又不好做。最后，他好不容易挑了一间商铺，自己的钱不够交租金，他又从家里的亲戚朋友那里借了一部分。随后就是千辛万苦地筹备，每天都累得筋疲力尽。

一个月后，营业厅终于开张了。他想了很多办法扩大业务：刊登广告、到人流密集的地方派发宣传单等。开张第一天，生意大吉，他和家人举杯相庆。

没想到麻烦接踵而来。第二天城管、消防队就相继找上门来了，要交各种费用。他每天周旋于这些琐事之中，感到十分头疼。但是尽管如此，第一个月下来，他的营业额还是很可观，他尝到了创业的甜头，更加相信自己的创业能力。

然而，很快军子就遭遇到了瓶颈。第二个月开始，这个城市一下子冒出五家该通讯公司的代理商，竞争立刻白热化。这几家代理商背后几乎都有幕后的大老板做后台，而且店面装修豪华，还推出了一系列优惠促销政策。结果第二个月，军子的营业额直线下降，以后几个月都是如此，效益

每况愈下。

军子感到束手无策，资金每天只出不进，他只好靠着向亲戚借钱来维持生意，想以后赚上钱再还给他们。可是祸不单行，半年过后，他这里的通信市场被开拓出来，那家通讯公司总部看到时机成熟了，就直接来开分公司。这样军子作为代理商根本就无法与分公司竞争。于是，他又和总部交涉，最终总部提出按一定折扣收购他的营业厅。他又软磨硬泡了好多天，才拿到了收购款，加上几个月的费用，他大约亏进去两万元。他尽管心有不甘，但又有什么办法呢？他的创业就这样短命地结束了。

再看下面这个例子。

老王是某机械厂的下岗职工，他的老婆看到风味灌汤包很受欢迎，就鼓动他开了一家风味灌汤包小店。虽说店面不大，但投资却不少，各种费用加起来花去了三四万。为了开店，他除了把自己的储蓄拿了出来，还向朋友借了一万多。但不管怎么样，他总算是把店开起来了。

在开张后的头一个多月里，老王的生意好得不得了，可能是因为有风味小吃的诱惑，小店每天都是顾客盈门，他很高兴。可是，就在这一个多月内，大街小巷里，风味灌汤包的小吃店如雨后春笋般出现了，光顾老王小店的顾客数量明显减少了，生意也越来越不好。终于，他在朋友的建议下开始在小店里卖其他风味小吃，但生意还是没有多大的起色。

在连续亏了两个月后，老王的店倒闭了。他还了外债之后，还赔了一万多，这对一个下岗职工来说可不是个小数目。老王十分伤心，老婆当然也十分难过和内疚，后悔当初让他做买卖。

军子和老王失败的原因就是在没有做好市场调查和市场预测情况下，盲目跟风而导致创业失败。他俩选择的项目都没有很大的市场潜力，同时市场也正在趋向饱和。

专家认为，目前创业失败率如此之高，一个致命的原因就是盲目创业。他们把创业者分为两种类型，一种是成功的，另外一种就是盲目创业者。盲目创业者大多极为自信，对自身和周围的环境缺少了解。创业是一条充满荆棘之路，创业者们一旦选择了这条路，就如同踏上了"血雨腥风"的征程，好与坏都要自己承受。

创业需要胆量，但也不能盲目。

其实，每个人创业都是为了成为一个成功者。现在也有许多教人如何成功创业的书，也有很多的成功经验谈。但是，无论是书还是经验，要想成功，只需记住这几个字——"知道你在做什么"，就行了。

在动手创业之前，最好能对自己和周围的环境进行一番仔细考察，从各方面评审，看看自己是否真的适合做这项事业，然后再行动。任何事情都是要先谋而后动，不能打盲目之仗。不经谋划，擅自起兵，最终只会耽误大事。轻举妄动、率性而为，是失败的重要原因。人们创业的要旨就在于事前能精思妙想、细心谋划，依据自我的环境和状况，从中找出解决之道。

刘晏是唐朝著名的水利专家，关于他治理漕运的事情，留给后人许多启示。

安史之乱后，漕运破坏严重。广德二年，唐代宗命刘晏疏通汴渠，凡是漕运的事都由刘晏全权负责。

刘晏当即着手振兴漕运，将漕运分段管理。他认为从水路运粮食快捷、省钱又省时，于是就停止陆运，改进原来的分段运输法，全部漕运，开辟黄河直运。

以前运粮，为避开三门水险，就于三门东置一粮仓，河船至此卸粮入东仓，然后陆运山路十八里至三门西仓，再下河船运至太仓，入渭水。仅此一段短短的距离，粮食就两上两下，这样既耽误时间，又浪费许多的钱物。

这是刘晏漕运中遇到的最大难题。黄河泥沙量大，河床流沙多变，流向飘忽不定。最困难、最艰巨、最危险的运输地段便是三门砥柱。黄河到这里变得不再温顺，而是凶悍湍急，几乎不能行船。

刘晏骑马来到三门岸边，亲自巡视江河。他坐船到淮河、泗水，又转汴河，再进入黄河到三门峡等地，了解水道和漕运情况，沿途访问黄河艄公，求问最好的直接运粮方法，反复琢磨河船可否直过三门。

同时，刘晏为了配合漕运，造出了坚实的漕船。他还在造船领域进行了另一项重大改革：在扬州制造可以直达三门的专用船2000艘。好多人都替刘晏担心：2000艘大船，说得容易，能造成吗？

由于朝廷格外重视这个工程，给予的经费也极为充足，所以刘晏规定，

造船厂每造好一艘船，官府就拨款一千缗（1000钱为1缗）。而实际上，造一艘船的成本费用也就是四五百缗。因为利润很大，许多富商纷纷投资船厂，扬州一下子成为全国的造船基地，其他各种各样的商业活动也被带动、发展起来。

刘晏在任期间，造船业的繁荣给朝廷带来的便利是大家有目共睹的。这样，每年从江淮一带运到长安的粮食能有四十万斛，完全解决了长安地区缺粮的问题。代宗皇帝非常高兴，派人去慰问刘晏，称刘晏是他的萧何。

刘晏的成功有着许多原因，但有一点是非常重要的，那就是他对所要进行的漕运和造船业非常熟悉，不盲目行事。处理任何事情，只有在熟悉的基础上，才能充分发挥自己的才能，取得成就。否则，只会碰壁。

在学习上，人们都知道讲究方法，除了要适应本学科的特点，还要适应自己的特征。如果对周围的状况和自身条件认识不足，则很可能会方法不当，影响以后的成绩。而创业也是如此。要充分认识自己的优势与不足，了解自己适合什么样的职业，力求与创业领域相匹配，以便将来创造出自己的价值。

在桂林电子科技大学读大三的重庆籍学生唐某，大二时开始创业，在校期间有14门课不及格，必修课中有4门课都没学。后来他办理了休学手续，带着自己的项目策划书回到重庆寻找投资伙伴，期望自己能成为像比尔·盖茨一样成功的人士。几经碰壁之后，他不得不从打工开始。

比尔·盖茨在哈佛大学本科三年级的时候退学，创办了微软公司，一跃成为世界首富，造就了一个创业神话，更成为千万个创业者崇拜的偶像。怀着创业成功的梦想，很多和唐某一样的大学生义无反顾地效仿盖茨退学创业。退学创业在某种程度上甚至成了大学的一种时尚。但退学创业者很多，创业成功的却没有几个。究其原因，在于盖茨创业成功只是个案，并不具有广泛的代表性。盖茨创业成功有其特殊性，如果没有当律师的父亲在市场运作和法律事务方面的帮助，没有赶上IBM等大公司发展方向上的调整，盖茨创业也是很难成功的。因而，对盖茨的退学创业要客观看待，不应盲目效仿。

实际上，放弃学业和创业成功并无必然联系。学习和创业二者并非水

火不容，妥善处理，完全可以实现共赢，良好的学业成绩可以为创业打下丰厚的知识基础。学习盖茨无可厚非，但要学习其长处，不能走火入魔。盖茨是因为创业成功而成为比尔·盖茨，而不是因为退学而成为比尔·盖茨。盖茨本人在清华大学演讲时曾经提醒过学生们，不要盲目地放弃学习深造的机会。因此，大学生对待退学创业应该充分权衡利弊，保持理性，慎重考虑。盲目地退学创业，必然会导致失败。

人首先必须清楚地认识自己，然后才能选择正确的创业之路，才能和成功接近。认识自己最重要，如果定位准确则如鱼得水。认识自己，就是为自己的创业选好方向。在选择自己的创业方向之前，不要像饿鬼进烧饼店那样，抓到什么吃什么，一定要清醒地做出最好的取舍。

专家说：创业的成功取决于特定环境。自然环境、行业状况、人力资源、政府行为、整个社会的经济水平等各种因素，都与人们的创业行为有着密切的联系。所以，人在准备创业前，一定要做好这方面的调查。因为创业本身不是一件容易的事，在创业过程中，人们会经历很多的挫折、痛苦甚至会感到绝望，所以，为何不把这种苦痛降低到最小的程度呢？

〉〉怎样规避对自己和环境认识不足、盲目创业的错误

● 创业需要理智而不是冲动，需要冷静而不是狂热。仅凭着一股热情走上创业之路，想实现比尔·盖茨式之梦，是很容易失败的，所以切忌心态浮躁；

● 对要做的项目，首先要做好市场调查，了解该项目的可行性和发展潜力，这样才不会盲目创业。在选择项目上，一定要慎重，要选择有市场潜力的项目，学会在选择市场上做到理性分析。

● 一定要有很强的心理承受能力，经得住市场风雨的吹打。聪明的创业者会从失败中吸取经验教训，使自己更加成熟和富有经验，在下一次暴风雨来临的时候知道怎样更好地驾驭事业之舟。

● 如果不知道如何进行创业规划，可以找一家咨询公司，借助专业手段全面认识自己，弄清自己的优势、劣势，然后再行动。

活在"面子"里

──为了"面子"给自己套上枷锁的人，也只有他自己才能切身体会到"疼"的滋味

◎讨厌指数：★★★
◎有害度指数：★★★★★
◎规避指数：★★★★

【特征】

1. 虚荣心特强，"打肿脸充胖子"，宁肯自己受损失也要把脸面做足。

2. 不从实际出发，穷讲究、装大方，最后保了小"面子"丢了大"面子"。

3. 为保全"面子"做事畏首畏尾，缺乏进取和冒险精神。

中国人爱面子，这从饭后买单上便可见一斑。几个人出外小聚，餐后必然是一番你推我让，人人竞相打开钱包，此时，吃请的人必然会说："这顿本来应该是我请的啊，下次一定得我出钱啊。"掏钱的人也肯定会说："小意思，就应该我请啊。"

所谓面子，我们的汉语词典里只给了三种解释，分别为：物体的表

面；体面或表面的虚荣；情面。中国人爱的面子通常指的是体面或表面的虚荣。实际生活中，面子常常还扩展出其他层面的内容。例如，被人看得起叫有面子，替人说情成功了叫有面子，做事做成了同样是有面子，等等。

因为好面子，人们追求排场。比如结婚本来是两个人的事，婚礼待客只是图个喜庆，理应量力而行，然而随处可见的婚礼攀比、铺张早已成为不成文的定理了。明明经济条件一般，却偏要租凯迪拉克、穿高档婚纱、在星级酒店请客……究其原因，都是面子在作祟。因为好面子，人们不惜铺张浪费。比如请客吃饭，本来没几个人，却偏要点满满一大桌子的菜。按理说，热情好客是一件好事，是一种美德，但因为这种虚荣、这种面子而造成大量的浪费，则就是舍本逐末了。

像上面这种因为好面子而生出的不必要的事情太多了。我国有句老话："树要皮，人要脸。"面子代表着一个人对外的形象和尊严，良好的形象有利于一个人获得成功，正常人在乎自己的面子没有什么不对的。但若是做一切事情都以面子是否过得去为大前提，一味地活在"面子"里，就有点过犹不及了。像电影《开往春天的地铁》里的主人公建斌一样，失业三个月，整日在地铁里游走，却无法把这个消息告诉和他一起生活了7年的女友。为了表面上的光鲜亮丽，不惜背地里吃糠咽菜，这样死要面子是可怕的。

在"活在面子里"的人看来，失业很没面子，对人倾诉压力很没面子，犯错误很没面子，承认错误更没面子。究其原因，都是过度膨胀的虚荣心在作怪。像郑智化在《面子问题》里唱的一样："为了一点虚荣争个你死我活，一掷千金不皱眉头面不改色，人前人后高高低低比来比去，到头来只是为了面子问题。"

人都爱面子，都想努力维护自己的面子，有尊严地活着。从好的方面说，爱面子会让人在意他人对自己的评价，从而促使自己检点自己的行为，爱惜自己名誉。但面子也可能是一种虚荣，自尊也可能是一种自欺。我们周围常常可见这样的事：越是爱面子的人，越是容易丢面子。

刚刚参加工作的小丽，家庭条件不是太好。她看到同事们一个个穿得

光鲜时尚，再看看自己寒酸平凡的衣着，便觉得在同事中间没有面子，抬不起头来。为了面子，她不惜借钱购买高档服装，并且还特意买了昂贵的项链和戒指来炫耀自己。在同事钦羡的目光中，小丽觉得很有面子。别人夸奖她有钱，她装作一副满不在乎的样子说："哪里哪里，都是爸爸妈妈帮我买的。"直到有一天，有个多次向她讨债未果的朋友一气之下把电话打到了公司，小丽借钱买衣服的事被闹得满城风雨，大家伙才明白过来是怎么回事儿。

因为爱面子却闹了个大没面子，小丽算是"偷鸡不成蚀把米"。

为什么有人很在意面子，却老是丢面子？这大半是因为爱面子者只将眼光放在了他人对自己的评价上，对于自己的所为却并没有真正的用心。过分爱面子是虚荣，挖空心思地追逐自己配不上的荣誉，以至于有名无实，最终露出马脚，这就是飘得越高，摔得越惨。

我国有句俗话是"死要面子活受罪"，这句话从它诞生起就广泛被人引用。因为爱面子，所以怕丢面子。但往往是在爱面子者千方百计地维护自己面子的过程中，使他们失去了许多比面子更有价值的东西。莫泊桑的短篇小说《项链》说的就是这样一个典型的事例。

一位家庭贫穷的美貌妇女玛蒂尔德夫人，为了在一场重要的舞会上出风头、赚足面子，她用丈夫准备用来买猎枪的钱买了参加宴会穿的礼服。然而，这还不能满足玛蒂尔德好面子的心理。为了不在一群阔太太中显得寒酸，使自己显得更加高贵出众，她向好友福雷杰斯太太借了一串美丽贵重的钻石项链。宴会上，玛蒂尔德夫人如愿得到了成功。她比所有的女宾都漂亮、高雅、迷人，风光无限，赚足了面子，甚至连部长大人都注意到了她，与她共舞。然而，在舞会结束回家后，玛蒂尔德夫妇吃惊地发现那串项链不见了。她不愿告诉好友项链丢失的消息，而是与丈夫借了36000法郎买了一条一模一样的项链装作是以前的那条还给了福雷杰斯太太。为了偿还债务，她辞退女佣，栖身阁楼，与丈夫艰难劳作，辛苦积攒着每一分钱。这样的生活持续了十年，玛蒂尔德从美丽的夫人变成了粗俗的妇人。当她还清债务，再度邂逅好友福雷杰斯太太时，后者已经认不出她来了。她站直了腰，说出了项链的真相，才得知当年自己丢失的那串钻石项链是

假的，最多值 500 法郎。

好面子的玛蒂尔德被命运狠狠地耍弄了一把，为了一串只值 500 法郎的假项链付出了沉重的代价——十年最美好的青春。十年的辛苦劳作，计较着每一个的铜板，哪里还有什么面子可言。在她千方百计地维护自己面子的过程中，比面子重要百倍的青春就这样一去不返了。

爱面子者遇到自己的正当利益受到侵害或威胁时，也往往因为怕丢面子而束手无策，不敢站出来据理力争，结果只能看着本应属于自己的那份利益被他人拿走，真是哑巴吃黄连——有苦说不出。在面子与利益的权衡上，那些"活在面子里的人"采取一种务虚而不务实的态度，把面子放在第一的、绝对不可动摇的位置，并甘愿承受由此带来的利益上的巨大损失。说一千道一万，再好面子你也是平凡人，也要吃喝拉撒睡，也有着种种现实的需要，需要通过获取利益去改善和提高自己的生活。

举个最简单的例子，你想要做生意，开店卖东西。人家来买东西付钱给你，你却要装面子："给什么钱啊，需要就拿去，我有钱，没事。"这样下去，别说做生意了，要不了几天就让你破产睡马路。所以说，舍利益保面子的做法是要不得的。人一旦犯了"活在面子里"的错误，就等于自己给自己套了个无形的枷锁，无论做什么事情都会被这道枷锁所牵绊，束手束脚，难以成事。

爱面子会使人做事时前怕狼后怕虎。

张辉的爱面子众人皆知，他在一家挺大的国有企业做技术工作，还是个主管。可别小看这份工作，这可是个很不错的铁饭碗，工作轻松稳定，收入也好。然而，随着改革开放的发展，人们的心思也逐渐活了起来。张辉看着身边的人纷纷辞职，经商的经商，跳槽的跳槽，都以各种方式渐渐地富了起来，他也坐不住了，开始谋划着要做点别的。

最开始，一个同事劝他和自己一起到深圳一家私有企业去工作。那是一家新建的企业，工资待遇比现在的要高上一倍还多，发展前景也很乐观。张辉动了心，可转念又一想，举家跑到深圳去，这么大的事儿，街坊四邻肯定都要知道，万一那个厂子有了什么变故，他还有什么脸面回来啊。为了不丢面子，张辉拒绝了这第一次机遇。

后来，有个亲戚拉他合伙建厂。这个亲戚看好了一个项目，一切都准备就绪，就差一个可靠的技术监管。看着诚恳的亲戚，张辉想：这个项目可靠稳妥，可以试试。可恰好这个时候，他所在的企业要从他和另外两个主管中选出一个来做副厂长，各种说法在职工中传得沸沸扬扬。张辉心想，自己如果在这个时候辞职，肯定会被人家说成是害怕选不上才做了逃兵，这可太丢面子了。于是，张辉再一次放弃了一个绝好的机会。

错过了这两次机遇，后来也陆续有过别的契机，但张辉心想，以前那么好的机会都没去，现在去这些，太掉价了，还是别去了。就这样，张辉为了面子前怕狼后怕虎，终于让一个个的机会就这样溜走了。看着人家开汽车住大房，他还是在那家国有企业过着上班族的日子。

张辉的失败，源自于因为过分的好面子而产生的顾忌。在我国的传统观念里，一件事情，你没有去做，没有人会说三道四；一旦去做了却没有做好，就会惹人笑话了。被别人笑话，自然是折损面子的事。因此，爱面子者对于自己还没有完全搞懂的事，决不肯轻易发表议论；对于自己没有把握的事，也不愿贸然去做。他们做事的前提就是：做好一切准备，成竹在胸，胜券在握，不鸣则已，要鸣就要一鸣惊人。

然而，人生不似做菜——等一切准备好了才可下锅。在信息高度发达、机会转瞬即逝的今天，又有多少机遇是专门为你而生，只等着你的万全准备呢？等到你左思右想觉得可以一举成功的时候，已经不知道有多少人捷足先登了。

爱面子还会使人不愿承认错误。人非圣贤，孰能无过？没有人没有缺点，也没有人能够不犯错误。爱面子者犯了错误，出于怕损伤面子的心理，往往是尽力隐瞒不愿承认，以致一错再错。孔子曰："过而不改，是谓过也。"犯一回错误不算什么，错了却不肯承认，不思悔过，那就是问题了。

〉〉怎样规避活在面子里的错误

● 追求真善美。一个人追求真善美就不会通过不正当的手段来炫耀自己，就不会徒有虚名。

● 克服盲目攀比心理。横向地去跟他人比较，心理永远都无法平衡，只会促使虚荣心越发强烈。

● 面子诚可贵，利益价更高。面子固然可以使你精神愉悦，利益却是你实实在在生存的根本。

● 要清楚地认识到：面子换不来位子和银子，更换不来真爱与支持。面对现实才是最有面子。

见到利益过分贪婪

—— 贪婪会使一个人丧失本性。人如果过分贪婪，灭亡的日子也就离之不远了

◎讨厌指数：★★★
◎有害度指数：★★★★★
◎规避指数：★★★★

【特征】

1. 欲壑难填，在利益面前贪得无厌，背信弃义，见利忘义。
2. 为争取不属于自己的那份利益什么都敢做，不惜损害他人利益甚至违法乱纪。

人们追求利益并不是一件坏事，本无可厚非。利益是一杆旗子，指引人向前；利益又是一块高地，吸引人攀登。见到利益人人都想得到，而且希望得到越多越好，这是人们共同的心理特性，没有人会把利益拒之门外。看到别人赚钱自己也想发财，这是正常的现象。但是，在利益面前切不可过分贪婪。生活当中，任何一个人，如果贪婪无度，对于不属于自己的利

益挖空心思谋取，除伤心费神外不会有什么好的结果。

战国时期，在战胜魏国收取了河西大片土地之后，秦惠王又盯上了蜀国。他几次派兵想进攻蜀国，但蜀国周围是地势险峻的高山和湍急的河流，士兵们还没到蜀国就早在爬山的路上、涉水的途中丧命了。称雄一时的秦军，在蜀地却是屡攻屡败，白白地损失了很多兵力，但仍难打开蜀国的国门。秦惠王为此寝食难安，多次召集大臣们商议如何才能攻敌。将士和谋臣们多次察看地形，并多方打探蜀国虚实，最后，总算想出了一条破蜀之计。

有一天，秦国的大批军队突然间撤走，消失得无影无踪。蜀军素知秦军诡计多端，恐有偷袭，不敢怠慢，仍严守险关，加强戒备。半个月后，秦国军队一直没有动静，似乎因劳而无功撤回秦国了。就在这时候，蜀军上下都在议论一件怪事：在离蜀国关隘不远的边境上有一头神牛，屙的全是黄金。事情越怪传得越快，很快就传到蜀国国君的耳朵里，他将信将疑，派了一名心腹大臣前去察看真伪。

这位心腹来到边境，果然见到了神牛——其实，那不过是一头庞大的石牛，屹立于路边一动也不动，它的"神"在于会屙金。他近前一看，石牛屁股下果然有一堆碎黄金。心腹大臣为了慎重，观察了几天。神牛每日都会屙出一堆黄金。他把黄金收起来，疾驰回宫，将一切如实奏报国君。蜀王正在烦恼国库空虚，听到天降神牛的喜讯，不禁心花怒放。为了防止别国抢夺，他立即派出军队前往保护，同时动用大量人力、物力，遇山开路，逢水架桥，修好一条由边境直通国都的道路，排除艰难险阻，终于把这个庞然大物运到了蜀国宫中。

神牛一路定时屙金，到了蜀宫也屙了几次，可没几天就再也没有黄金从牛屁股里落出来。蜀国国君和众臣困惑不解，绕着石牛转来转去，弄不明白原因，叫来心腹大臣询问，他也不知所以然。正在这时，国都守将来报："秦军已经兵临城下！"蜀国君臣顿时乱作一团。

原来，这个神牛是秦惠王安排能工巧匠秘密设计、制造的。秦国知道蜀王是一个贪财的人，就造了这头庞大的石牛置放在蜀国边境上，暗中在石牛内巧设机关，定时撒放碎黄金。然后又派人四处宣扬，引蜀国国君上当。

就这样，蜀国在前面开路运"牛"，秦军在后面尾随，当神牛屙尽碎黄金时，秦军也把蜀国的都城包围了。

蜀王因贪图屙金神牛，花了大量的物资开山辟路，喜滋滋地迎来了神牛，没想到也引来了秦军，自掘了死路。蜀王根本就不懂得这样一个道理：见到利益过分地贪婪，可能会干扰人的判断力，使之不能客观冷静地预测未来的状况，最后难免成为失败者。

其实世间的利益并不是都可以要的。有的应该要，有的不应该要，在要与不要之间，有一个标准，超过这个临界点就会走向不好的极端。一位名人这样说："人如果过分贪婪，那么灭亡的日子就离之不远了。"

当利益有可为时则全力为之，不可为则全力弃之，这是聪明者的作风。也就是说要在可为和不可为中寻找最佳的时间和机会去获取利益，运用得当就是聪明之人，反之则愚蠢之极了。

《史记·货殖列传》一书中说："天下熙熙，皆为利来，天下攘攘，皆为利往。"对于利益，人们要持有一个辨证的看法。你越看重利益，越想得到利益，反而越得不到。诚然，生活在这个世界上，获得利益是最重要的事。然而，唯利是图，见利益就想抓，那就不值得称道了。"君子爱财，取之有道"，这应当是人们遵守的一项做人的原则。

很久以前，有一个商人来到一个地方做生意，他身上带着许多钱，他觉得放在旅店里不安全，便独自来到一个无人的地方，在地上挖了一个坑，把钱藏了起来。可是当他次日回到藏钱的地方时，却发现钱已经丢了。他怎么也搞不明白那钱是怎么丢的。正当他纳闷之际，无意中发现远处有间屋子，他断定：是这家屋子的主人正好从墙洞里看到他埋钱，然后趁他不在时把钱挖走的。那么，怎样才能把那丢失的钱要回来呢？

商人想到了一个办法。他去找那屋子的主人，客气地说道："现在我有一件事想请教您，不知是否可以？"

屋子的主人热情地回答说："当然可以。"

商人接着说道："我是来这里做生意的外地人，身上带了好多的钱，我把它们分成了两份，一份我已悄悄埋在没人的地方，另一份想交给能够信任的人保管，你看如何？"

屋子的主人忙说："因为你是初来乍到，什么人都不该相信，还是将另一份钱也埋在那个地方吧。"

商人说："好，我听从你的建议。"

等到商人一走，屋子主人马上将先前偷得的一份钱埋在了藏匿点，他幻想着能获得商人更多的钱。然而，就躲藏在附近盯着看的商人及时出击，抓住了偷他钱的屋子主人。

这个商人能够运用手段将丢失的钱又找回来，是十分聪明的。因为他知道，每个人都有贪心，要让小偷把钱交出来，只有激起对方更大的贪心。由此看出，贪婪是人性的弱点，这是我们不能回避的事实。在现实生活中，由于过分的贪婪而失利的例子举不胜举。

55岁的马德，曾任绥化地区行署专员、绥化市委书记。他利用职务之便，先后收受多人贿赂及礼金，卖官敛财。后来他终于受到开除党籍、行政开除公职的处分，并被移交司法机关追究其刑事责任。

开始时，马德靠给生意人揽工程赚钱。他利用包扶当地企业的职务便利，收受企业公司负责人的贿赂。其中最大一笔是他担任绥化地区行署专员期间，接受建筑承包商的请托，为其承揽绥化地区广播电视中心工程提供帮助，那次他非法收受人民币200万元。

马德得到这些还嫌不够，他的心在贪婪的漩涡中越陷越深，为了获取更大的利益，他开始利用手中的职权卖官。当时绥棱县某县长为谋求职务晋升，三次共向马德"进贡"人民币32万元、美元1万元。海伦市市委副书记王某给因病住院的马德送去50万元人民币，以求自己在仕途上能再进一步发展。

利益虽然诱人，但也有着致命的杀伤力。它是一把双刃剑，贪欲的背后隐藏着陷阱。在利益的驱使下，许多人丧失了理智，不但有人人皆知的那些领导人物，就连一个普通百姓，也会置法律及道德于脑后，不择手段地谋取财富，以致最后走上犯罪的道路。

前不久，有关媒体报道了这样一件事情：

有一个农村放羊的小伙子，家里很穷，终年以几亩地维持生计。小伙子的表哥在城市里混得不错，而他这个表哥看准了养羊这条路，便委托小

伙子分两批购进百余只羊放养。小伙子十分高兴：自己给表哥放羊，不仅解决了自己的生计问题，还可以帮表哥大赚一笔。可是，苦恼很快就来了。由于放养的数量较多，丢失羊的情况就发生了。

一天晚上，小伙子发现羊少了 5 只，找了一夜也没有找到，他为此十分苦恼。表哥说："不管你用什么办法，只要我那羊的数够了就行。"这句话让小伙子很为难。

小伙子知道自己根本赔不起，他就想，羊经常会走失，这是谁都不会在意的，如果自己把别人家走失的羊赶到自己的羊群中不就可以解决自己的苦恼吗？于是，他就开始注意别人家的羊。

这一天，小伙子发现附近的山头上有 10 只羊无人看管。他环视四周没有什么人，便立即将这 10 只羊往自己羊群里赶。非常幸运，在他把羊赶到自己羊群里这段大概 10 分钟的时间里，没有一个人经过或者发现自己。他不仅补上了丢失的那 5 只羊，而且还白捡回来 5 只。他在心里盘算，除去给表哥的 5 只，另 5 只就算是自己的。

这种心理变化标志着小伙子向犯罪道路上迈出了第一步。过了一个来月，他偷的这 10 只羊也没被任何人认走，生活又恢复了往日的状态。小伙子的胆子也越加大了起来。

半月后，小伙子又发现了一群走失的羊。这次他几乎连想都没想就将这群羊赶到了自己的羊群中。他想如果将这些羊据为己有，自己也算是个万元户了。而且他也和表哥串通好了，若有人问时，就说羊是表哥买的。两人订立攻守同盟，串定伪供。没过多久，失主因为丢失的羊太多而向派出所报了案。很快，公安机关就破获了此案。小伙子交代了全部犯罪事实，这时才发觉自己已闯下大祸。

这起因贪心而引发的盗窃案件让人们深思：放羊的小伙子不但没有发家，反面因此犯法，失去了致富的机会。

美国华尔街有这样一句名言："贪婪是自己最大的敌人。"中国也有一句俗语："贪即是贫。"

一般来说，过分贪婪的人是不会有什么良心的。当一个人的心灵被卑鄙的、自私的欲望占有时，其良心就会霉变，就会开始发灰、发黑，什么

损人利己的事、什么伤天害理的事都会做。

古往今来，拼命地为自己赚取利益的人到处都有。有的人为了达到这种目的而不择手段，但是这也只能是一时的得逞。因为一门心思想钻营个人利益的人，容易惹众怒，会得而复失。钱财乃身外之物，这话也许因为用得太滥，所以沦落成了安慰别人的俗语，但却让人忘记了它也曾是警醒自己的格言。

在佛经里，有这样一个故事：

一天，佛陀带着弟子阿难外出讲经。在路上，俩人看见路边有一罐黄金，佛陀问阿难："你看那是什么？"

阿难说："是一罐黄金。"

佛陀说："那不是黄金，是毒蛇。"

阿难想想，应声答道："是毒蛇。"

师徒俩的对话恰巧被附近一对农民父子听到，便好奇地前来观看。他们一看不由欣喜若狂，这哪是毒蛇，明明是一罐黄金。他们赶紧将黄金带回家中，以为这从天而降的幸运将改变他们的贫困生活。当父子俩拿着金子去市场兑换时，却被人告到了官府。

原来，他们捡到的金子是窃贼从宫中盗出来，在逃跑时弃于路旁的。人赃俱获，这父子俩有口难辩。他们在临刑时，才领悟到"毒蛇"的真正含义，真是被一个"贪"字所害。

过分贪婪的人不仅不能获得一心想要追求的东西，甚至还会失去原先已经拥有的，使自己苦恼。好好过日子，别给自己找麻烦，使自己不痛快。很多时候，麻烦都是自己找的，烦恼都是自己寻的，别怨天别怨地，怨只怨自己太贪心。贪心惹祸端，失自由，添烦恼。

对一件东西的过分贪婪，是造成一个人苦恼的主要原因。我们每一个人的内心深处，都隐藏着贪婪这种劣性，它有时候就像恶魔在人的心中盘踞，干扰人们的正常生活。当你贪婪的手伸向它时，它会伸出毒蛇般的舌头狠狠地咬你一口。

作家刘墉这样说："许多人不能成就伟大的事业，就是因为过分眷恋眼前的一切。"

对于利益，当然人人都想得到，而且得到越多越好，这种心理是可以理解的。但是，如果太过贪婪，步入贪欲的海洋，那么失败的日子就离之不远了，因为如果贪无止境，将会连前途也丧失。所以，对于贪婪，还是要有一个节制为好，否则你就会被贪婪引诱入陷阱而毁灭自身。

〉〉怎样规避见到利益过分贪婪的错误

● 在平时的生活和工作中，要去奢就俭，不能过分贪图享乐。

● 见到利益时别忘记道义，要首先考虑哪些是自己该拿的，哪些是自己不该得的。

● "君子爱财，取之有道"，面对摆在眼前的利益一定要分清是福还是祸，切不可"一失足成千古恨"。

● 严于律己，知足者常乐，不可贪得无厌。

只顾眼前蝇头小利

——太过看重眼前的蝇头小利，最终必将失去长远利益

◎讨厌指数：★★★
◎有害度指数：★★★★★
◎规避指数：★★★★

【特征】

1. 目光短浅，斤斤计较眼前得失，看似从不吃亏，却往往因小失大。
2. 贪图小便宜而自毁诚信，从而造成人际关系紧张，且很难改变众人的看法。
3. 自以为聪明，往往是丢了西瓜捡芝麻。

  现实生活和工作中，只顾眼前的蝇头小利而不顾长远发展的人，随处可见，而这些人到最后都不会有好的结果。

  张强和王大力是大学毕业后一起来这家公司工作的两个年轻人。半年之后的一天，张强对王大力说："我要离开这个公司。"

  王大力不明白："干得好好的，为什么要离开？"

张强的理由很简单，他说："公司给的补助费太少了，另外有一家公司待遇很高，我要到那公司去，我们已经谈妥了，每天的补助比这里多出10元。"

王大力说："我不赞成你离开。"

张强问："为什么？"

王大力说："那家公司以后的发展前景不会比我们现在这家公司的好，我听说它好像欠了银行很多钱，说不定什么时候就会倒闭关门。你为了那10元钱的补助就要离开，我看不值，再说，我还听说老板要升你做部门主管呢。"

张强说："我不管以后，只看眼前，眼前每天少拿10元钱这才是事实呀。"

尽管王大力再三劝阻，张强还是没有听。几天后，他辞职了，如愿以偿地来到那家公司。每天多拿10元钱，一个月下来，他多拿了200多元。他很高兴，又来劝王大力加盟，可是王大力不为所动，还说老板准备升他做部门主管，这个时候就更不能走了。

半年后，张强所做的这家公司因入不敷出最终关门了。他失业了。他想再回到原来的那家公司工作，结果被拒绝。张强十分后悔：自己不应该为了那区区10元钱，而丢下这么好的工作，而且更让他后悔的是，本来老板有心想提拔他做主管，可因为他离开而提升了王大力。升职后，王大力每个月的薪水要比200多元钱高出好几倍。

但是，这又能怪谁呢？张强开始时是比王大力多挣了钱，但是最后的结果却没有人家好。哪样好哪样坏？哪头轻哪头重？相信聪明的读者自会懂得。

有人这么说，只顾眼前蝇头小利的人，其结果注定是昙花一现——当时看着是美丽的，可是却没有长久的生命力。所以说只顾眼前蝇头小利，不顾长远大计的人或行为，最后都只能以悲剧来收尾。

一个下岗的中年男人，摆地摊卖菜，每天早起晚归很辛苦，但是挣的钱却不是很多。为了能赚到更多的钱，他就动起了歪脑筋，开始缺斤少两。可是顾客越来越少，到最后连一个人也没有了，一个钱也挣不到了。他不明白是怎么一回事，还以为是他进的菜不好。他老母亲对他说："儿子，不关菜的事，是你自己的毛病，你的秤头不足，有谁还来买你的菜啊。"

第二天，男人在摊位前竖了一个木牌，上写："绝不少一分一两，放心秤，放心购买。"但是，还是没有顾客光顾。男人后悔了，觉得不该为了赚那点小钱而毁了名声。以后男人又改行卖肉，可是还是卖不动，因为他缺斤少两的名声已经传出去了。不得已，男人只好去零工市场打工去了。

为了一点蝇头小利，就可以不顾一切，甚至损坏自己的名声，这样太不值了。蝇头小利就像一场酸雨，只要被淋湿，就会遭殃。只顾眼前蝇头小利而放弃未来的发展，这种急功近利的行为往往会适得其反，捡了芝麻丢西瓜，甚至是一无所得。

历史上，韩信向刘邦要王的故事，就充分说明了这一点。

楚汉相争之时，项羽大搞封赏，而刘邦却不这样做。刘邦被项羽的军队团团围困在荥阳，几次派人命韩信派兵来救他，可是收到的回信却是韩信要以他当一个代理齐王为条件。韩信盯着这个齐王的位置好久了，今天见时机已到，便以此和刘邦讲条件，命使者传过话来，说："臣虽无才，自请代理齐王，为主分忧。"

刘邦当然是一百个不愿意，但他还是封了韩信为齐王。

历史学家认为，韩信后来的死很大程度上是他本身咎由自取。关键时刻韩信不仅未及时出救兵反而要求刘邦封他为王，令刘邦相当不满，就有了杀韩信的想法，这也为韩信日后为吕后所猜忌，招致杀身之祸埋下了隐患。

韩信的这种做法，就是那种耍小聪明的做法。他只顾眼前的蝇头小利，乘人之危要求当齐王，结果为自己埋下了失败的种子。

在三国中也有不少这样的人，比如吕布就是因为一点点蝇头小利而背信弃义，最终落得个身首异处的下场。

贪图一些小恩小惠，不仅对事业会有影响，而且还会因此而走上犯罪的道路。贪图蝇头小利害人不浅。真正聪明的人，深知这种因"近"而丢

弃"远"所带来的恶果，不会被虚荣心和蝇头小利所诱惑和羁绊。太过看中眼前的一点蝇头小利，最终将失去更多。

有一个聪明的男孩，妈妈带着他到杂货店买东西。

老板看到这个可爱的小孩，就打开一罐糖果，要小男孩自己拿一把糖果，但是这个男孩却没有任何的动作。妈妈已经同意男孩要，但男孩就不要，这让妈妈费解。几次的邀请之后，老板亲自抓了一大把糖果放进男孩的口袋中。

回到家中，妈妈很好奇地问小男孩："为什么没有自己去抓糖果而要老板抓呢？"

小男孩回答得很妙："因为我的手比较小，而老板的手比较大，所以他拿的一定会比我多很多。"

虽然男孩的这种做法不可取，但却让人懂得这样一个道理：失小得大，得小失大。

凡成大事者，都是从大处着想的人。一个人的肚量有多大，他的发展天地就有多大。倘若一个人终日只顾蝇头小利，那也就注定了他的人生道路绕不出自己所划定的狭窄圈子，日后也不会有大的发展。

有这样一个故事：

路斯是一个美国的小孩，因家中十分贫穷，路斯从小就到鞋店学习制作手工皮鞋。制作皮鞋的工艺是这样的：先必须将牛皮剪成鞋底的形状，然后将剪下的牛皮鞋底用水浸透，取出后用特制的平头铁锤锤打牛皮，直到将鞋底的水分锤干，然后再开始做缝线等其他制鞋工作。

路斯每一次都卖力地做。这一天，路斯到附近的鞋店办事，正巧遇上那家鞋店也在制作鞋底。路斯发现，对方将牛皮从水中取出之后，并未用力捶打干鞋底的水分，而是直接将湿淋淋的鞋底钉上鞋面。

路斯不解地问那老板："那鞋底的牛皮没经过捶打，还湿着呢，能耐用吗？"

那老板诡异地笑着回答道："傻孩子，耐用的程度当然差了很多。鞋子坏得快了，我的客人就会提早上门修理鞋子或是再买新鞋，我就会赚到很多的钱啊。"

路斯回到自己那家鞋店，把自己的所见所闻告诉了自己的鞋店老板。

老板说："孩子，我们这家鞋店的生意是他们那店的三倍。你想知道这是为什么吗？"

路斯说："想。"

老板说："很简单，其实我们并没有制作鞋子的工艺的秘诀。认真地对待每一位前来买鞋的顾客，就是我们鞋店经营成功的法宝。那家在制作皮鞋过程中投机取巧的老板，看似一时欺骗了顾客，赚到了一些钱，但是顾客只会上一次、两次当。当顾客意识到他的鞋子质量差、不耐穿时，就会弃他而去，他虽得了蝇头小利却失去了更多效益和鞋店发展的机会。"

老板的话深深印在路斯的心底，并指引他在以后的创业过程中以质取胜，着眼长远，这使他有了辉煌的成绩。

有一个成语，叫作"螳螂捕蝉，黄雀在后"，它警告人们：一个人若是只贪图眼前利益，一定会有后患。一个人综合素质高低的最大区别，就在于是只顾眼前还是放眼未来，一个人若目光短浅、只顾蝇头小利，一定会丧失长远利益，很难获得大的成功。

〉〉怎样规避只顾眼前蝇头小利的错误

● 凡事不要太功利太狭隘，要顾全大局，将眼光放长远些。

● 坚持自己做人的原则，不被眼前的小利所诱惑，克制自己的欲望。

● 在物欲横流的场所，不美慕虚荣浮华，保持一颗平常心。

管不好自己的嘴巴

——病从口入，祸从口出，管好嘴巴，切莫含糊

◎讨厌指数：★★★★
◎有害度指数：★★★
◎规避指数：★★★

【特征】

1. 不分场合乱说话，出言不逊伤人害己。

2. 搬弄是非、挑拨离间。

3. 虚荣心作怪，喜好夸夸其谈当"万事通"。

我们日常说的每一句话，都受支配于我们的大脑，所起的作用也不尽相同。善用嘴巴说话是一门学问，也是一种艺术。比如那些谨慎的人，心知多言不值钱之理，他们往往懂得把握说话的分寸与火候：话多不如话少，话少不如话好；说话中肯，一言九鼎；说得有理，容易让人接受；说得适时，双方都心情愉悦……

管好自己的嘴巴是一个人一生中很重要的功课，它可能让你平步青云，

一路升迁；如果管不好自己的嘴巴，说话随便，就可能让你一败涂地，后悔莫及。尤其身处现代社会，生存压力加上躁动的心灵，稍微管不好自己的嘴巴，就容易陷进误区、步入歧途，如不分场合乱说话，抱有目的地"胡说八道"，喜欢扯些"东家长西家短"，在邻里之间挑拨是非，在同事之间制造矛盾，瞎诈唬、乱传谣，唯恐天下不乱等。

纵横家之鼻祖——春秋时期的鬼谷子说过："言多必有数短之处。"就是说在什么场合说什么话，是为人的第一要则。现在是彰显个性的时代，每个人的表现欲都很强，而有的人却分不清哪些话可以公开交谈，哪些话却只能私下去说。现实中有很多这样的人：喜好乱讲话，一有机会就高谈阔论，卖弄口才；没遮拦的话说得手舞足蹈，说过头的话不仅失去其价值而成为废话，而且会因出言不逊伤害别人，也给自己带来不必要的麻烦。

在一次聚会上，某人在酒桌上向邻座的人大谈特谈某领导的隐私，说某领导对异性如何动手动脚，对同性又怎样歧视，如何卑鄙龌龊……还说了一大堆攻击某领导的话。后来，与他邻座的一位女士问他："先生，你认识我吗？""还没有请教贵姓。"他回答说。"真不幸，我正是你说的那位领导的妻子。"这位先生立时窘住了，场面非常尴尬。好在这位太太很有教养，没有当面指责他，但这位先生的口无遮拦给别人留下了一个非常坏的印象，以后他在工作上也不会有好日子过了。

这种人似乎显得不够成熟，表面看起来很单纯没有心机，但说不定什么时候就会把自己或别人的隐私、缺点什么的随口说出来，令人难堪，甚至招来横祸。如果在讲究组织层级的现代企业，这种管不住自己嘴巴的人，只会断送自己的职业生涯。所以，如果你是这样的人，就必须随时为自己竖立警告标示："口不择言，惹祸上身。"时刻理性地提醒自己什么可以说，什么尽量少说或不能说。

古人讲慎言，就是指说话要多加考虑，切不可不知深浅、没有轻重而信口开河。但人往往爱犯这个错误。这个看似十分简单的道理，做起来却很难。古往今来，因管不好自己的嘴巴瞎说话而招致灾祸的例子举不胜举。

不乱说话不等于不说话，而是说话一定要分场合。在职场中，我们也

常常遇到这样的人。有些野心勃勃的职员经常在公司里大谈人生理想，没事整天念叨"我要当老板，自己置办产业"，"在公司我的水平至少够副总"或"35岁时我必须干到部门经理"等等，那他就很容易被老板当成敌人，被同事看作异己。

打工就安心打工，雄心壮志回去和家人、朋友说。因为野心人人都有，但是位子有限，不分场合公开自己的进取心，就等于公开向公司里的同僚挑战。僧多粥少，树大招风，何苦要被人处处提防、被同事或上司看成威胁呢？做人低姿态一点是自我保护的好方法。你的价值体现在做了多少事上，在该表现时表现，不该表现时就算低调一点也没什么不好，能人能在做事上，而不是能在嘴巴上。

近代因为说错话、说不当的话、说不负责任的话而给自己带来不好影响或结果的例子屡见不鲜。

福柯是20世纪法国最著名的哲学家之一。他的作品在当今社会引起很大的关注，但他在上大学期间也曾是一个口无遮拦、出言不逊的人。他总喜欢激烈地嘲讽那些他不喜欢的同学，经常给同学起侮辱性的绰号，即使是在争论学术问题时，他也会由着性子，出言不逊。他对那些自己情有独钟的作品，说起来如数家珍，而不内行的同学都遭到他的语言攻击和蔑视，因此，他一度成为学校里很不受欢迎的人。

另外一种现象是挑拨是非。这种人够恶毒，这在理论上可归结为人品问题。他不断地在你面前挑拨起你对别人的恶感，而到了别人的面前又挑拨起别人对你的恶感，让你心中生出憎恨人的意念从而耿耿于怀，寝食难安，甚至因此犯罪……他总会有意地将一个团体弄得七零八碎，变文明为野蛮，搞得人心惶惶、人人自危、人人战斗，而他却在一旁幸灾乐祸、鼓掌窃笑……诚然，在我们这个社会，也有很多人是在无意当中挑拨起是非的，他们可能是在传话的时候没有理解原话的意思，把原本的意思传达错了……但不管如何，这种管不住自己嘴巴、挑拨是非的人最终的下场是可悲的，要么众叛亲离成为孤家寡人，要么害人害己，一无所得。有一句古话说得好：离间是非乃小人之举，而非君子之道。

在武则天时代，武则天因崇佛而禁屠宰。有一次，大臣张德家生子添

丁，便私自宰羊祝贺。宴请的客人中有位叫杜肃的大臣，他席间趁没人注意偷偷藏起一块羊肉，打算呈送给皇帝，以求惩罚张德私宰之罪。

第二天上朝，武则天问张德："闻卿生男，何从得肉？"张德叩头请罪。武则天说："朕禁屠宰，吉凶不预（即红白喜事除外）。卿自今召客，亦须择人。"随即把杜肃的报告给张过目。于是，这个以贺客面貌出现，吃了主人羊肉还偷肉作证，告主人宰羊阴状的杜先生十分尴尬，在场大臣皆欲唾之。

像杜肃这样搬弄是非、爱打小报告的人在职场中并不少见，他们总是私下用冷枪暗箭算计别人，结果很容易使整个团队的工作陷入困境。这种人不光是令同事讨厌，大多数领导也不喜欢这样的人。

阿冰看到别人升职心里就很不痛快，别人涨工资她也很不服气，别人受到奖励她就会烦躁不已……她自己也不知道为什么总是见不得别人比自己过得好。公司里下半年有个出国进修的名额，这是很多人梦寐以求的。可名额只有一个，最后落到了策划部林红的名下。身为林红下级的阿冰对林红有了敌意，尽管林红从来没得罪过她，但阿冰总是一有机会就有意无意地打林红的"小报告"，或者趁林红出差之际，找出各种借口频频向经理汇报工作，以显示自己的工作能力。

那次，趁林红出差，她又跑到经理那儿汇报工作："经理，您看这份订单的数据有没有问题。"经理问："是谁统计的？"她说："可能是林主任吧。"一次，她趁林红不在办公室，偷偷拿走了一份重要文件，然后跑到总经理那儿，问这个文件是不是总经理的。总经理一看，这不是公司刚刚研究过的开发某一市场的策划书吗？他问阿冰这是从哪儿发现的，阿冰说："是从走廊上捡的"。事后，林红因为管理失误，受到公司的通报批评，出国进修的事也泡了汤。后来，阿冰又装着很同情的样子向林红解释："林主任，我捡到这份文件后，本想给你送去的，可正好碰到总经理，他问我，我就顺手给他了，没想到却给你带来麻烦，真对不起。"

同事间为什么别人能出国、加薪、升职，而自己却依然一成不变？这个结果不言自明。善待你的同事，并管住自己的嘴巴，以后你也会好起来的。

每个人都可能被别人评论，你也会去评论他人，但管不住自己的嘴巴、津津乐道于某人的是非，这种做法最好马上停止。世上没有不透风的墙，

你今天传播的流言、你在阴暗的角落哼着的幸灾乐祸的小人之调，早晚会被当事人知道，你何苦去搬石头砸自己的脚？

每天下班后和你的那些同事朋友喝酒聊天可不是件好事，因为，这中间往往会把同事、朋友当作话题。谈论自己往往会自大虚伪，在名不副实中失去自我，议论别人往往会使你陷入鸡毛蒜皮的是非口舌中。

在孔子看来，嘴巴可能是人体中最有害道德而无益人生的器官。若管不好自己的嘴巴，只会给我们带来麻烦而不是好处。古德也常告诫弟子说嚼舌伤神，所谓"多言取厌，虚言取薄，轻言取辱"。

当然，敢于说真话、刚正不阿、为人坦诚直率，本是优秀的品质，可是，话说多了未必是好事。在心胸狭隘、嫉贤妒能的上司面前，管不好自己的嘴巴尤其危险。关键时刻，沉默是金。用脑来理性地支配自己的嘴巴，才能达到与世无争的平和境界。带着这种态度去为人处世，就不会让自己陷入无谓的纠纷；达到了这种境界，才能真正享受生活所带来的无限乐趣。当然，要管好自己的嘴巴并不容易，这需要有宽广的胸怀，还需要我们不断地"修炼"。

〉〉怎样规避管不好自己嘴巴的错误

● 言多必失，三缄其口。说话前应三思而后行。

● 言简意赅，是非减少。说话点到为止，不要对别人大谈特谈自己，更不要议论别人的是是非非。背后议论人总是不好的，尤其是议论别人的短处，这样会降低你的人格。所以，每人都拥有一张嘴，最好不要用它来吹牛拍马，不要用它来讽刺损人，更不要用它来挑拨是非、离间同仁。

● 心胸宽广，理事圆融。做人要低调，不随便发表对别人的评论，少说话，多做事，对别人坦诚相待，将心比心，还要善于发现别人的优点。生活在这个社会上的每个人，都有其长处和劣势，要摆正自己的心态来面对别人的长处，千万别嫉妒，要潜心养性，充实自己。如果没有这种胸怀，只因计较于一时的成功和失败而管不住自己的嘴巴，失败的仍然是自己。

不善于说 "不"

——有些人一生中所犯诸多错误的根源，就是在本想说 "不" 的时候说了 "是"

◎讨厌指数：★
◎有害度指数：★★★
◎规避指数：★★★★

【特征】

1. 碍于情面，不屑于说 "不"，结果自己 "泥菩萨过河，自身难保"。
2. 怕起冲突得罪人，没勇气说 "不"，最后身心健康都遭受损害。
3. 有求必应，不忍心说 "不"，往往吃力不讨好还得罪了不少人。
4. 面对亲朋好友，不好意思说 "不"，怕丢人情更怕欠人情。

人生在世，不论身份贵贱、地位高低，总会碰到一些求人的事。

很多人都有过这样的经历：有人托你办事，你能办到的你会尽力去办，不让来找你的人为难。尽管自己当时很忙，但也一口应承下来，为的是使自己心里不会感觉到亏欠了别人。长此以往，来找你办事的人越来越多，

使你简直就无暇顾及自己的事情，在别人的心目中你成了他们的"好好先生"，而真正的你呢？或许是"泥菩萨过河，自身难保"。

你也许有过这样的体会：有人找你办事，不管是不是自己分内的事，你根本不考虑自己的能力，就答应下来。结果，事没办好，自己不仅内心不安，还对对方愧疚不已。而对方还会以为你只是敷衍他，日后对你敬而远之，甚至抱怨憎恨……

有能力帮助他人并不是一件坏事，但在很多时候，许多人都比较注重"面子"：其他东西可以不要，但面子不可以不要。别人拜托你为他分担事情，表示他对你信任，即使你在实利上吃了亏，但能得到相应的精神上的抚慰，即得到了面子，这样你就会乐于卖个人情去帮助别人。

正是这个原因，当别人有求于你时，你总是不屑于说"不"。

阿龙做了国家的公务员，手中的权力也渐渐地大了起来。一天，一个老乡带了一堆礼物来到他家，阿龙看见这么多的礼物十分吃惊，疑惑地望着那个老乡。老乡笑了笑说道："这都是给您的，希望您能帮我一个小忙，这里还有一半劳务费，事成之后，我还会把另一半给您。"说着便从包里掏出几打美元放在茶几上。

阿龙一看，便说："都是老乡，有什么事要帮忙的，只要力所能及，我一定会尽力的，别这么客气。"可心里却想：这些钱恐怕我干几年都挣不到。

老乡说道："对您来说，那是举手之劳的事情，只想让您在这上面签个字。"

阿龙一看，原来是一张国际货单通行证，心想：一定是要走私进来什么东西，这可是违法的呀！

老乡看出了他的犹豫，便说道："就此一次，下不为例。"阿龙又觉得：都是同乡，他在家乡对自己的家人也不薄，何不给他个面子。于是阿龙便签上了自己的大名。

从这以后，来找阿龙的人越来越多，每一个人来都带着一份大礼。阿龙心里很想拒绝他们，但望着那一双双企盼的眼睛和十分诱人的红利，他便来者不拒，统统收下了。礼品收得越来越多，阿龙越陷越深，没多久便

灰头土脸地进了监狱。

阿龙出事就是因为他不会说"不"。在他的心里有一个"面子"问题，而所谓面子，实际上就是自己在别人眼中的印象。给别人留下好的印象，别人对你首肯、对你赞扬、对你恭维，称之为"有面子"；给别人留下不好的印象，别人对你否定、对你批评、对你谩骂，称之为"没面子"。面子是一种道德情感，维系着人的道德价值；也是一种虚荣心理，催生着弄虚作假的行为。为了面子阿龙不敢说出"不"这个字，致使他走上了自我毁灭的道路。

"宁可天下人负我，我也不负天下人"，这是自卑胆小之人常有的心态。这种人看起来脸皮很薄，有点书生意气，心地很善良，但往往缺乏自信，怕人家说他的能力不行，怕人家不喜欢他。在许多的事情面前，他们往往不善于说"不"，因为他们总想两全其美，他们害怕起冲突，不愿去伤害谁，很多时候宁愿自己多做些，也不愿勉强别人做事……结果，使双方都受到伤害。

必林毕业后来到一家私企工作。那个年头，"高才生"去私营企业上班被看作是件很没"面子"的事情，所以，她总有那么一点点的自卑心理。她的工资不低，但手头的工作也不轻松，经常是几个项目一起来，逼得她总是没日没夜地干。她想着自己是新人，积极做事总能给人留个好印象，所以每当项目组里有人想临阵"溜号"时，她总会善解人意地说："你们走吧，我来加班好了……"日子长了，大家似乎习惯了必林这个"乖乖女"，常常是她还没来得及表示，同事就抢白说："她是乖乖女，当然会帮忙啦……"

必林被这永远也当不完的"好人"折磨得像根草一样早早地憔悴了。

有一次，必林手头的事情本来就已经很多了，部门经理又把别组一个同事的事情交给她："你把这个项目跟进的事情接下来，他今天有事来不了，明早一上班，头儿就要报告，你帮他做完……记住，这可是一个很重要的报告。"

那几天正逢必林的月经期，忙了一整天的她早已头昏脑涨、全身酸痛，可她还是答应晚上加班完成报告。没想到她实在太累了，晚上加班没几个

小时就睡着了。

第二天上班，头儿来到办公室要这个报告。

"是必林没有把分配的任务完成好！"经理跟老板解释说。

"我——"必林刚张开的嘴巴又立刻闭上。那个报告确实没有完成，做任何解释都没有用，何况平常她一直都是"有求必应"，并且以前都做得很不错。

几分钟后，老板气冲冲地走了。第二天，必林被炒了鱿鱼，她伤心地离开了这家公司。

没有勇气直接对上司说"不"的人，应该想好自己的退路，免得他觉得你软弱好欺。尽自己的能力去帮助他人，可以很好地实现自己的价值，这是好事。但一个人的能力再大也有一定的限度。如果你的能力已到了你自身难以再承受的时候，就需要说"不"了。如果你还挺着不说，只会收到适得其反的效果。

当然，有些事情拿来争论似乎很容易暴露自己的渺小，我们都希望可以把它隐藏起来，就像下面故事中的小米那样。

一天下班后，同事王明对小米说："小米，跟我去喝杯酒吧，我请客。"小米已经答应即将生产的妻子下班后按时回家，听王明这么一说，心里矛盾起来：去吧，其实心里一点也不想；不去吧，多不好意思呀，人家是新来的，第一个请我喝酒，起码面子上过不去。如果对他说自己跟妻子的约定，他肯定说我"妻管严"，没有男子汉气概……犹豫再三，小米还是不情愿地跟着王明走进了酒吧。王明兴致很高，喝着酒话语还滔滔不绝，为了照顾王明的面子，小米也赔着笑脸，心里却闷闷不乐地在酒吧里熬了三个小时。结果呢？回家发现妻子已经被送往医院。原来妻子在家中不小心摔了一跤，早产了。小米心里真不是滋味，后悔不已。

人际交往在本质上是一个社会交换的过程，但这种交换不只是物质上的，更是情感和道义上的。正因为如此，我们在与他人交往时，应该相互尊重、相互理解、相互信任、相互分享彼此交往的快乐。但当一个人没有勇气去拒绝别人而不得不去做一些事去迎合他人时，他就会不快乐，老是觉得自己是环境下的牺牲品。小米在与王明交往过程中的情绪反应是无奈

的，但由于他心太软，没勇气说"不"，而造成最后深深的自责和遗憾。

阿春从小接受的教育是：多关心他人，少关心自己，帮助他人，给他人带来快乐，压抑自己的情感，以求得和谐的生活。正因为如此，在家中，她对老公总是千依百顺，受了委屈只会躲到一边偷偷掉泪，还害怕让老公知道。在单位，她对上司、同事也是一味顺从，即使遇到自己力不能及的事儿，也总是一口应承，从不拒绝。

渐渐地，她身体上有很多不适的感觉，失眠、烦躁、头痛是经常的事，随之而来的是精神抑郁、焦虑……最后，她不得不辞去工作，求助于心理医生。

我们常说：应承太多，人生自扰；没有压力，一身轻松。像阿春那样，在日常生活和工作中，不善于说"不"，嘴上总是言不由衷地应承着，那么她在精神上就要承受很多的压力。当这种压力无法释怀的时候，心理上会觉得委屈与难过，久而久之，自己的身心健康就会遭受损害。

所以说，不敢说"不"的人往往缺乏竞争力。他们害怕如果不顺对方的意就会显示出自己无能，岂知愈想讨好所有人，最后反而一个好也讨不到。因为没有人珍视他的"好"，有的还可能加倍地责备他的不周到。愈是想对得起每一个人，愈可能对不起人，因为自己的时间、精力、财力都有限，不可能处处顾及周全，结果虽然帮了别人，却没帮好，还是对不起人。

人们推崇助人为乐，是因为生活在这个世界上的人，谁都离不开别人的帮助。曾经得到过众多朋友的帮助，所以对别人总是充满了感激之情，总是希望自己能够尽自己的一份绵薄之力去帮助别人得到他们渴盼得到的东西，予人玫瑰，手留余香。但事实上很多时候对方未必买账，你对人有求必应，不忍心说"不"，到头来，不仅吃力不讨好，还得罪了不少人。

尽管我们大多数的人还没有完全达到心地光明、任劳任怨、不计功利的境界，但助人也要量力而行，也要看对方所求何事。如果对方是为了满足自己不断扩张的欲望而求助于你，若你不忍心打消他的不合理的欲望，这不是在助人，而是助长他的贪欲。

红民在一个乡镇当书记，口碑不错。昔日有恩于他的叔叔从来没有求

过他什么，而今叔叔想让他帮忙把自己的儿子从小学学校调到政府部门工作，希望红民提拔提拔，让自己的孩子当上一官半职。看着叔叔那苍老的身影、那企盼的眼神，不禁想起当年叔叔对自己倾囊相助的情景：自己那时上不起学，家境也很清贫的叔叔卖米给自己交学费……没有叔叔的相助，说不定自己至今还"面朝黄土背朝天呢"！红民陷入"人情困境"之中。最后，知恩图报的心理占了上风，尽管知道堂弟并不具备领导的才能，他还是将堂弟调到了政府部门工作，不到三个月就给了他个当地政府土管所所长当。哪曾想，叔叔的儿子业务不熟不说，还滥用职权乱批地，不到半年，当地民怨众多，知内情的人劝红民把其堂弟职务撤换。红民也意识到事态的严重性，于是撤掉了堂弟所长的职务，让他做一个普通的文职人员。从此，叔叔对红民"另眼相待"，红民几次试着前去解释都吃了"闭门羹"，心中甚是无奈。

重视亲情，令每个人都在不知不觉中欠下许多亲情债。这种亲情债的压力经常捆绑着你，束缚着你，甚至逼迫你去做你不想做的事。不轻易拒绝别人的要求，是国人好面子、热情好客的心理使然，同时也与我们一直以来所受的传统教育有关。长久以来，我们本土的语言概念，如"面子"、"人情"、"关系"、"回报"等，常为人们用以定义人际关系之安排的合理性。而我们就一直在这样的语境中接受这样的教育：要助人为乐，保持社会和谐性及人际关系的合理性……在我们本想说"不"的时候却说了"是"，错误由此滋生：给生活带来累赘，甚至给人生带来灾难。

不善于说"不"的人由于自身缺乏识人之明，分不清谁该帮、谁不该帮，就不分青红皂白地去帮别人，这样就会给自己背负上沉重的负担。我们谁都不愿意做错事，谁都不愿让自己活得太累，那就要学会善于说"不"，恪守原则，不要因轻易承诺而毁了自己。

〉〉怎样规避不善于说"不"的错误

● 巧妙说"不"。当你说"不"字时，你得把"不"字说得听上去就像"是"字一样悦耳。尽量选择单独与对方相处的时刻，令他明白你的异议，从而启发他自行改变主意。必须要有一个充分的理由，令对方明白这个理由，才不会被认为是为赞成而赞成，或为反对而反对。这样，才不至于损害与对方的良好关系。

● 委婉说"不"。要规避错误，就要学会权衡与判断。脱口而出的"不"会给人带来不悦，不仅伤害了对方的自尊心，还让人觉得你一点同情心都没有。真正有不得已的苦衷不愿意接受时，倒不如事前让对方知道你的苦衷，让他可以另请高明。这样，对方还是会感动于你的诚恳，并谅解和尊重你。否则，别人会觉得你并不重视他，容易造成反感。

● 和蔼说"不"。你最好学会先倾听，再以和蔼的态度说"不"，否则，会让人觉得你是一个冷漠无情的人，甚至让他觉得你对他有成见。

● 智慧说"不"。当我们无能为力时，我们要坦然而勇敢地说"不"，千万不要勉强。如果过于勉强，弄不好反而会耽误了别人重新获取有效帮助的机会，误人误己。拒绝的同时，如果能提供其他的方法，帮他想出另外一条出路，实际上还是帮了他的忙。我们还可以告诉对方"我尽力而为，你跟我要求的这一点我帮不上忙，我用另外一个方法来帮助你。"这样一来，他还是会很感谢你。话要讲得薄一点，事情要做得多一点。不要把话说得太满，大话虽然会让人家一时安下心来，觉得我们很棒，但是当我们做不到时，就会使自己陷于尴尬境地。

不善于总结和修正错误

----有些人一生中最大的失误，就是总在不断重复着相同的错误

◎讨厌指数：★★★
◎有害度指数：★★★★
◎规避指数：★★★★★

【特征】

1. 自己犯了错，虽知道不对却没有毅力改掉，所以一错再错。

2. 犯了错却不汲取教训，结果很快又再犯同样的错。

3. 犯了错也不承认，还为自己找借口，所以又会犯同样的错。

4. 出现了问题，不知道错在哪，又不进行反省，结果错上加错。

很多人在奋斗的过程中并不缺乏韧性，可以越挫越勇，但就是不能成功，这是为什么呢？就是因为他们没有从以前的失败或错误中总结经验与教训，只是埋头盲干。他们或许多了一份自信心，却少了一种"自省"的精神，结果一错再错。

很多时候，有人明知道自己犯了错，却没有决心和毅力改正，那主要

是因为他们所犯的错误大多来自于他们的坏习惯。坏习惯改不掉，错误也就改不了。亚里士多德说："人的行为总是一再重复，因此重要的不是单一的举动，而是习惯。"比如，"拖拖拉拉"就是人性中最大的弱点，因为它对人的生活影响不大，容易被人忽视，结果因为它导致了很多错误的发生，坏了不少事。

小叶被她的朋友们称为失业大王，因为她几乎 2～3 个月就要失业一次。说起她这个人，人品、性格、能力各方面好像都还不错。可她有个最大的毛病，就是做事慢慢悠悠、拖拖拉拉，让人受不了。早上，她大多时候都是最后一个进公司，上司说她一次，她悔悟似的决心悔改，第二天早到一回，第三天就又恢复了旧步调。如此这般，反复迟到。上司交代的工作，以她的能力完全可以在规定的日期内完成，她却总是到了最后一天才开始动工，问起来，她又诚恳地道歉，请求延迟时间。后来，她的命运就可想而知了。

大部分的人都像小叶这样太喜欢拖延了，他们不是做不好，而是不是真的想去做，即使因之犯了错，也没有毅力去改正，这是失败者的最大恶习。哪个公司也不敢长期用这样的人，得耽误多少事呀！

因拖延这样的坏毛病犯错误是很明显的，还有一些不明显的像因循守旧、缺乏耐心、吹毛求疵和自私自利等不良习性，带来的错误就不容易发现了。如果没有自我反省的勇气和进行大刀阔斧改革的魄力，人的一生就会因这些坏毛病导致的错误而遭受麻烦或遇到障碍，最终与成功失之交臂。

为了少犯重复的错误，完美你的人生，就得改变不好的习惯。改变习惯的过程可能很不好受，毕竟习以为常的事物比较能予人安全感。但为追求一生的幸福与成功，暂时牺牲眼前的安适或利益，也是值得的。努力与牺牲所换来的果实，将更为甜美。

吃一堑，长一智，犯一次错误并不可怕，怕的是犯了一次错误之后，却不汲取教训，过了一段时日，又犯原来的错误，等到陷得很深时再拔脚已经来不及了。在我们的生活中，重复频率最高的错误，就是"盲目的爱情"。

芸妮是一个单纯善良的女孩，长得也很漂亮，因此有不少追求者。可她的爱情之路却一直不顺，多次受到感情的创伤。她的第一任男朋友是一个帅小伙，人也很机灵，很会说话，因此第一次见面就给芸妮留下了好印象。在小伙子的猛烈进攻下，两人开始交往。当初，她的朋友就劝她要好好考虑，他们都觉得这个小伙子脾气很暴躁，人也不实在。可芸妮沉浸在爱情的甜蜜中，哪里听得进这些，很快就把自己的身心交给了对方。谁知，拥有她后，小伙子对她的态度来了个一百八十度大转弯，原本暴躁的脾气表露无遗，两个人开始了争吵，最后越闹越厉害，小伙子还对她拳脚相向，两人只得分了手。

经过一年的修复，芸妮又一次恋爱了，这次的对象是她的新上司，香港人，人很成熟稳重，29岁，正是事业有成的时候。上司对她很关照，给她在工作和生活上都帮了不少忙，内心孤独的芸妮又一次迅速地坠入了爱河，连对方的家世都没弄清楚，就把自己交给了别人。结果，她的上司在拥有她一个月之后，提出跟她分手，原因是他在香港有家室。芸妮听后如五雷轰顶，她骂对方是骗子，可对方的回答是："你也没问过我有没有结婚呀！"芸妮又一次陷入深深的痛苦之中。

芸妮所犯的两次错误都是因为她把爱情和婚姻想象得过于简单和浪漫了，忽略了其他的因素，没有对对方作深入的了解就轻率地把自己交给了对方，等发现问题时已经酿成了苦果。第一次错误造成了那么大的伤痛，她却不反省，不找原因，第二次又重犯，加深了对自己的伤害。

还有的人之所以会犯重复性的错误，是因为他们在自己的错误被别人提出来之后，不但没有改正之意，还拼命为自己找借口，一味强调之所以犯错误是因为别人扯了后腿、家人不帮忙，或是身体不好、运气不佳等。总之，他们可以找出一大堆理由。这样只会加深他们身上的劣性，不管是对为人处世，还是对事业发展，都会形成障碍。在职场，利害关系尤为明显。

李兵上班从来没有迟到过，不过，他总是踩着点进入办公室，他自己还没当个事儿，得意地说："这叫作多一分钟浪费，少一分钟不够。"他哪里知道上司早就看在眼里了。

李兵的上司是一个很传统的人，他希望自己手下的员工能早几分钟到办公室，这样就可以为一天的工作做充分的准备。他曾经提醒过李兵、以后不能这样，要早到一会儿。李兵却总是说路上堵车，不能保证早到，又说自己反正会把工作完成好的，何必非要早到呢。他心里还想：干吗要在乎那么几分钟，早去了又没人发加班费，何必？！上司碍于面子不好发作，但对他的印象越来越差了。

有一天上司正往办公室门口走，正好和进来的李兵撞了个满怀，上司十分恼火："我早就说过，提前几分钟到，提前几分钟到，为什么你就是听不进去？每天都匆匆忙忙地进办公室，怎么可能做好工作？如果以后你还是这样的话，那么立马给我走人。"

李兵如果能在上司第一遍提醒他的时候，就虚心承认错误，并加以改正，那么就不会出现第二次上司对他发火并要他走人的事情了。其实，上司的批评里含有忠告、指示与鼓励的作用，他对你的批评也可以看作是对你的重视和鞭策。正因为他眼里有你这个员工，他才会注意你的错误或过失；如果不是因为你是他的下属，他才不会批评你，犯不着好人不做当坏人。如果你把上司的批评不当回事，那么这样只会让你错上加错。一个员工再聪明、再能干，也总有犯错误的时候，犯错误时对待上司的批评往往有两种态度：一种是拒不认错，找借口辩解推脱；另一种是坦诚承认错误，勇于改正，并找到解决的途径。应该说，这后一种态度是正确的。

每个人都有犯错误的可能，要想让别人原谅你，相信你不再会犯同样的错误，关键在于你认错的态度。只要你承担责任，并尽力去想办法补救，你就不会再犯同样的错误，并让人产生可信赖感。一个人做错了一件事，最好的办法就是老老实实认错，而不是去为自己辩护和开脱。

日本前首相伊藤博文的人生座右铭就是"永不向人讲'因为'"。这是一种做人的美德，也是为人处世、待人接物的一门最高深的学问。

乔治是一家国际商贸公司的市场部经理，他在任职期间曾犯过一个错误。当时他没经过仔细调查研究，就批复了一个职员为纽约某公司生产5万部高档相机的报告。等产品生产出来准备报关时，公司才知道那个职员早已被"猎头"公司挖走了，那批货如果到达纽约，就会无影无踪，货款

自然也会打水漂。

乔治一时想不出补救对策，一个人在办公室里焦虑不安。

这时老板走了进来，他的脸色非常难看，质问乔治："你是怎么做事的？出了这么大的漏洞，怎么才发觉？"

还没等老板说完，乔治就立刻坦诚地向他讲述了一切，并主动认错："这是我的失误，我一定会尽最大努力挽回损失。"

老板被乔治的坦诚和敢于承担责任的勇气打动了，答应了他的请求，并拨出一笔款让他到纽约去考察一番。经过努力，乔治联系好了另一家客户。一个月后，这批照相机以比那个职员在报告上写的还高的价格转让了出去。

如果乔治面对老板的斥责不是坦言有错，而是推卸自己应该承担的责任，说都是那个员工在背后做的手脚，那么乔治的老板一定会把他炒鱿鱼。即使他再找到新工作，也会犯同样的错误，还会因拒不认错而被老板炒掉。

松下幸之助说："偶尔犯错无可厚非，但从处理错误的态度上，我们可以看清楚一个人。"老板欣赏的是那些能够正确认识自己的错误，并及时改正错误以补救损失的职员。

所以，当你犯了某个错误之后，不要寻找借口，而应自我反省，找出犯错误的原因，并加以修正，才能防止重复犯错误。

我们要进行反省和进行改进的方面有很多。

首先是在"人际关系"上。每天都应该反省自己有没有做过什么对人际关系不利的事。与人争论，是否自己也有不对的地方？是否说过不得体的话？某人对自己的不友善是否还有别的原因？总之，反省有助于纠正自己的疏忽和错误，加强和巩固人际关系。

小何与小吴一直是一对搭档，工作上两人很有默契，可是最近小吴对小何爱答不理的，小何有些丈二和尚摸不着头脑。他想问小吴，可又怕他在生气的时候更不愿意理睬自己，更头痛的是，小何自己都不知他什么地方得罪了小吴，他也只好先默不作声。

小何开始对最近几天发生的事进行反思，工作上刚与小吴漂亮地完成

了一个任务，没理由是工作上的，那么会是哪里出问题了呢？

　　小何走在街上，这条街一向都是小吴和他一起回家的必经之路，现在他一个人，形单影只、垂头丧气地溜达着。路边一支凋谢的玫瑰花让小何眼前一亮：哎呀，糟糕，我忘记小吴交代给我的一件十分重要的事了。

　　小何回到家中，抓起床头的一些单据直奔门外而去……

　　第二天，小吴主动找到了小何："你生病了，怎么不告诉我？"

　　小何说："其实是我的错，你出差在外，可我把你交代我的给你女朋友订玫瑰花的事给忘得一干二净，她一定为这个生你气了吧？"

　　"她还真为这个生我气了。要不是你昨天和她解释，她还会跟我闹几天呢？"

　　"女人嘛，好好哄哄就没事了。"

　　"走，我们喝酒去！"

　　小何与小吴重归于好，这都归功于小何对自己的反省，还有他解决问题的能力。他没有去找小吴，为自己的错误找理由，说自己如何忘记了小吴交代的事情，是出于什么原因忘记的，而是去找小吴的女朋友，通过她把这件事给圆满地解决了。如果他去找小吴辩解自己不是存心忘记的，而是因为自己生病了，那么事情就不会有这样好的效果了，并且，他以后还会犯得罪了人却不知错在哪里的错误。

　　其次，我们要对自己"做事的方法"进行反省。当你在工作或是生活中不顺的时候，你就应该反省：思考问题的方式、所做的事情、处理事情的方法是否得当，怎样做才会更好。

　　那么，应该如何反省呢？

　　其实，关于如何反省，很早以前，美国的政治家富兰克林就给我们做出了榜样。有一天，富兰克林突然警觉到他经常失去朋友，他此时才开始注意到原因在于他太争强好胜，所以始终跟别人处不好。有一天，大概是过年的前几天，当年度计划大致制订，他坐下来列了一张清单，把自己个性上所表现出的缺点全部列在上面，并且从最致命的大缺点开始，到不足挂齿的小毛病为止，重新依次排列一次。他下了极大的决心要一一改掉这些缺点。每当他彻底改掉一个毛病，就在单子上把那一条划去，直到全部

删除为止。结果，他变成了美国最得人心的人之一，受到了大家的尊敬和爱戴。

　　成功来自于在错误中不断地学习，因为只要你从错误中积累经验、吸取教训，就不会重蹈覆辙。只要你坚持并且有耐心认识、改正并弥补错误，就能吸取经验，取得成功。

〉〉怎样规避不善于总结修正错误的错误

　　● 改掉不良习惯，能减少错误发生的概率。

　　● 培养自我反省的习惯，在出现问题和犯了错误之后，一定要找出原因，并下决心加以改正。

　　● 虚心接受别人有益的提醒和建议，不要固执己见，这样才能避免在一条错误的路上走到底。

在快达到目标时没有再坚持一步

——半途而废，是对自己不负责的行为，也是成功的大忌

◎讨厌指数：★
◎有害度指数：★★★
◎规避指数：★★★★

【特征】

1. 一件事做到半途因没有看到成功的希望而放弃。

2. 在快达到理想时因遭遇挫折太多，灰心丧气而放弃。

3. 在做一件事时，因缺少支持、别人不看好等原因而最后放弃。

　　和一些成功人士相比，你可能会常常怨恨自己总是错过机会，但你想过其中的原因吗？静下心来回顾一下你学习和工作的历程，你是不是有这样的缺点：没有把某件事情漂亮地干完，做事常常不能坚持到最后。这是成功的大忌。伏尔泰告诉我们："要在这个世界上获得成功，就必须坚持到底，剑到死都不能离手。"

　　现实中，很多人工作起来贪多图快，总想一下子就成功。这是一种可

怕的暴发户心理。事实上，多数工作需要的是耐心。你一点一滴地去做，才能稳稳当当地获得工作的成果，否则就会经常陷入这样一种尴尬的境地：不甘心放弃，但又不肯再前进。一般来说，达到一个终点总比停留在迷途中好，生活往往不容许我们有半点迟疑。

古人云："骐骥一跃，不能十步；驽马十驾，功在不舍。锲而舍之，朽木不折；锲而不舍，金石可镂。"它告诉我们只要坚持不懈，即使是处于劣势，也有获得成功的可能。可很多人很难对一件事坚持到底，尤其是进展不顺或就在要出现结果时就抽身离去，结果总是与成功或财富失之交臂。

这种错误的出现，首先是因为消极心态的影响，当一个人距离到达他的目的地只不过一步之遥时，如果因为心态失衡停了下来，就容易错过近在咫尺的成功。这里有一个例子：

1929 年下半年的一天，一个叫奥斯卡的年轻人在美国中南部的俄克拉荷马州首府俄克拉荷马城的火车站上，等着搭乘火车往东边去。他在气温高达43℃的西部沙漠地区已经待了好几个月，他正在为东方石油公司勘探石油。

奥斯卡毕业于麻省理工学院，据说他已经把旧式探矿杖、电流计、磁力计、示波器、电子管和其他仪器组合成勘探石油的新式仪器。现在奥斯卡得知，他所在的公司因无力偿付债务而破产。奥斯卡踏上了归途。他失业了，前景相当暗淡。

由于他必须在火车站等待几小时，他就决定在那儿架起他的控矿仪器用以消磨时间。仪器上的读数表明车站地下蕴藏有石油。但奥斯卡不相信这一切，他在盛怒中踢毁了那些仪器。"这里不可能有那么多石油！这里不可能有那么多石油！"他十分烦躁地反复叫着。

奥斯卡一直寻找的机会就躺在他的脚下，但是由于消极心态的影响，他不肯承认它，他对自己的创造的仪器失去了信心。

那天，奥斯卡在俄克拉荷马城火车站登上火车前，把他用以勘探石油的新式仪器毁弃了，他也丢掉了一个全美最富饶的石油矿藏地。

不久以后，人们就发现俄克拉荷马城地下埋有石油，甚至可以毫不夸张地说，这座城就浮在石油上。

奥斯卡因消极的心态没有在快达到目标时再坚持一步，结果错失了

财富。

要成大事或是要得到财富并没有什么特殊的诀窍，也不在于一个人能量的大小，关键的一点就在于能不能坚持到最后。有一句格言说得好："九十九次失败，到第一百次获得成功，这就叫作坚持。坚持在于不间断地努力。"

你也许对落下来的水滴不屑一顾，然而，当你看到它能把顽石滴穿时，你能无动于衷吗？你肯定会信服，但你不一定能像水滴一样坚持不懈。

有一次，有人问小提琴大师弗里兹·克赖斯勒："你怎么演奏得这么棒，是不是运气好？"他回答说："是练习的结果。如果我一个月没有练习，观众能听出差别；如果我一周没有练习，我的妻子能听出差别；如果我一天没有练习，我自己能听出差别。"

坚持不懈就意味着有决心。当我们精疲力竭时，放弃看起来似乎合情合理，但也正是放弃的那最后一步，使我们失去了成功的可能。

坚持不懈来自于目标。一个没有目标的人将永远不可能坚持不懈，也将永远不可能感到满足。

君仪很想成为作家，她夜间和周末都不停地写作，家里电脑键盘的噼啪声总是不绝于耳，但她投寄出去的作品却全被退回来了。

一天，君仪读到了一部小说，联想到了自己的一部作品。她把自己作品的原稿寄给了那部小说的出版商，出版商又把原稿交给了某杂志社的主编。

几个星期后，她收到了一封热情洋溢的回信，说原稿的瑕疵太多，不过这位主编相信，她有成为作家的潜质，并鼓励她再试试看。

在以后的 18 个月里，君仪又把稿子修改了两遍，但都被出版社无情地拒绝了，她开始放弃希望了。

一天夜里，她绝望地把稿子扔进垃圾桶。第二天，她丈夫把它捡了回来。"你不应该半途而废，"他鼓励君仪，"特别是在你快要成功的时候。"

君仪完成了第四次修改，并把它寄给了那位主编。没多久，她的第一部小说终于出版了，并且获得了读者的青睐。

确实，既然已经看到了成功的希望，就算已多绕了几个弯子，又何必放弃呢？那样一来岂不是白白浪费时间和精力！坚持，也许是成功之前的

最后一次考验，假如我们在必要的时候总是能再坚持一下，也许成功的曙光离我们就不远了。

有个记者这样问一位事业有成的企业家："你的事业经历了如此多的困难，你为什么从没想过要放弃呢？"

企业家答道："你观察过一个正在凿石的石匠吗？他在石块的同一位置上恐怕已敲过了 100 次，却毫无动静，但是就在他敲第 101 次的时候，石头突然裂成两块。"

成功学大师拿破仑·希尔发现，他访问过的成功人士都有个共同的特征——在他们成功之前，都遭遇过非常大的挫折。表面上看来事情是应该到此为止放弃算了，殊不知这最后的一步，正是接近成功的突破点。

小蕾是一个工作很不稳定的电话销售人员，她其实不乏机灵与口才，但却一直没有找到致使自己工作不稳定的原因。后来，通过一件事，她终于明白了。

有一次，她刚失业不久，就找到了一家比较大的新公司，也是从事电话业务。面试后，主管对她比较满意，但他们公司有一个可以说是苛刻的要求：一个月内必需出成绩，否则就要走人。虽然有这么大的压力，但她还是充满信心地去了，毕竟她有这方面的工作经验。

结果，工作进行的并没有她想象的顺利。10 天过去了，没有客户答应与她签单，这时她还能安慰自己：还有希望。她没有停止联系新客户，同时继续说服老客户。20 天过去了，还不见有动静。她开始着急，这时候，她通过努力找到了一位曾拒绝过她的客户的手机号码，她干脆换一种方式与客户联系，每天不谈工作，只是发一些天气预报和温馨提示类的短信，这个方法终于打动了客户。她的关注引起了对方对她个人的关注，并打听签单的费用和详细细节，但对方还是没有说要签单。

只剩下两天了，她开始失望，思考了一晚上后她决定辞职。别人都劝她再等一等，她说："肯定没希望了，与其被公司开除，还不如主动辞职的好。"她沮丧地辞职回了家，结果，第二天客户就发来短信要与她签单，她后悔了，因为这时要回公司已经不可能了。

看，成功往往只差一步坚持，不管最后的结果怎样，我们都不应该提

前放弃，不然，怎么对得起前面的努力呢。

法国著名微生物学家巴斯德说："告诉你使我达到目标的奥秘吧，我唯一的力量就是我的坚持精神。"理查巴哈所写的万字故事《天地一沙鸥》，在出版前曾被 18 家出版社拒绝，最后才由麦克米兰出版公司发行。短短的 5 年内，单在美国便卖出了 700 万本；《飘》的作者米歇尔，曾拿她的作品和出版商洽谈，却被拒绝了 80 次，第 81 个出版商才愿意为她出书。

有许多一事无成者，并不缺乏追求的目标，而是经常在遇到困难时便放弃了目标。人生最大的失败就是选择放弃。因此，当事事都显得不顺心时，你应该继续坚持下去，再试一次。只要坚持，就一定会成功。

一个青年爱好写作，总是梦想着成为大作家，屡投不中后，他心灰意冷，从而放弃了写作。

一天，他在街上看见一个发广告的女孩，每一个人路过，她都给一张广告。有些人接了过去，就马上丢掉；有些人连要都不要就面露厌烦之色走掉了。

这个青年就上前询问女孩这样盲目地发送广告究竟有何意义。可以说每一次的发送几乎都是以失败告终。

女孩笑着说，她知道大多数广告发送出去会失败，但是广告的意义就是广泛地告知别人。也许 1000 个受众中有 999 个不接受广告，但是只要有 1 个接受了，广告就是有意义的。

青年恍然大悟：只有坚持不懈才有收获。他抱着这种心态重新投入写作，最后终于成为一名优秀的作家。

发明家爱迪生一生进行过无数次失败的实验，当他总结成功经验的时候，他说"失败是成功之母。"无数次的失败累积为成功，这几乎成为所有成功人士的一个共识。人要做的就是找到 10% 乃至 1% 的成功可能。

最后的坚持是解决一切困难的钥匙，它可以使人抓住一切成功的机遇；它可以使人们在面临大灾祸、大困苦时发现万分之一的希望。坚守机遇：它可以使贫苦的青年男女去开创自己的未来，并发现成功的机遇；它可以使纤弱的女子担当起家中的负担，维持家庭的生计；它可以使残疾人能够挣钱养活衰老的父母；它可以使人们在沙漠中找到绿洲，挖掘出自身更大

的潜力。

最后的坚持甚至可以产生奇迹，一位作家讲过这样一个故事：

由于遗弃或收缴来的自行车无人认领，警察决定将它们拍卖。

第一辆自行车开始竞拍了，站在最前面的一位大约 10 岁的小男孩说："5 美元。"叫价持续了下去，拍卖员回头看了一下前面的那位男孩，他没还价。跟着几辆也出售了，那小男孩每次总是出价 5 美元，从不多加。不过 5 美元实在太少了，因为每辆自行车最后的成交价几乎都是三四十美元。

渐渐地，人们都感到奇怪。暂停休息时，拍卖员问男孩为什么不再加价，小男孩说自己只有 5 美元。

拍卖快结束了，现场只剩下最后一辆非常漂亮的单车，拍卖员问："有谁出价吗？"这时，站在最前面、几乎已失去希望的小男孩轻声地又说了一遍："5 美元。"拍卖员停止了唱价，观众也静坐着，没人举手，也没有第二个价。最后，小男孩拿出握在手中，已被汗水浸得皱巴巴的 5 美元，买走了那辆全场最漂亮的自行车。

也许小男孩也没有想到会出现这个结果。只是因为他很想得到这辆车，所以他抱着微弱的希望和执着的毅力坚持用"5 美元"的低价竞拍，谁知最后竟然美梦成真。

只有坚持到最后才能获得成功。其实，在很多时候，你所从事的事业并不是十分困难，获得成功所需要的多半是你的恒心。如果你现在还没有发现机遇，你不妨问一下自己：我坚持到最后了吗？

〉〉怎样规避在快达到目标时没有再坚持一步的错误

● 在追求理想的过程中，不要让自己受内心消极情绪、外界打击、别人行动的影响，咬紧牙关坚持到最后一步。

● 在决定放弃之前，想一想放弃的后果，看是一切从头开始划算，还是再多吃一点儿苦坚持最后一下划算。

盲 目 举 债

——盲目举债是一个人快乐和幸福的重大隐患

◎讨厌指数：★★★
◎有害度指数：★★★★
◎规避指数：★★★★★

【特征】

1. 不考虑自己的偿还能力，借了钱自己到时又还不上。

2. 生活无计划，拆东墙补西墙，经常借钱度日。

3. 因追求享乐而四处举债。

　　一个聪明人不会让自己盲目地背上债务负担，但还是有很多人因没有理财观念而陷入了债务危机。他们为自己制造了许多麻烦，债务像一个噩梦一样令其焦头烂额，甚至使他们众叛亲离，破坏了原有的幸福和安宁，成为他们成功路上永远的羁绊。

　　盲目举债，最大的受害者就是我们的亲人和朋友。因为当有急事需要用钱却偏偏手头拮据时，很多人的第一个想法便是借钱渡过难关，但借钱

是一件令人难以启齿的事，于是自然首先就会想到自己最亲近的人——亲戚或朋友，期望他们能解囊相助。认为彼此关系好，对方往往都不会拒绝，因为毕竟是"自己人"嘛。

那么，向亲人或朋友借钱真的不伤面子、不伤感情吗？本杰明·富兰克林有这样一句名言："要想知道金钱的价值，就去借钱试试。"富兰克林认为，欠债就相当于把自己的自由给了别人。事实上也的确如此，即使是这些最亲近的人，也没有人会认为你主动向他借钱意味着你们的关系比别人更加亲密，更很少有人会因你在需要借钱时第一个想到他而高兴。即使亲戚、朋友把钱借给你了，你也还有可能遇到另一个尴尬，即到了约好的还期却还不上这笔钱，这时你不仅羞于见到债主，而且在和债主说话时心里会忐忑不安，嘴上更是理屈词穷。因为无法还钱，在债主面前，只好找出种种借口来推托，从而渐渐失去了自己的诚信度。亲人有可能会变得陌生，朋友有可能会翻脸。而他们在遭遇生活困难无法摆脱困境时，也会对你产生怨恨。所以说，借钱不仅会伤害到当事双方的面子、感情，还会给彼此增加一定的心理负担。

丽华一年前曾因孩子生病向好友林璇借了一笔钱，并约好月底就还。当时林璇的手中也不是很宽裕，虽然她犹豫了好一阵子，但最终还是把钱借给了丽华。谁想到，事情过去已将近一年了，丽华也不知是把这件事忘了还是有意回避，不仅没有还钱，甚至很少再和林璇联系了。林璇想提醒她，但又碍于面子不好开口，如果不提醒她，自己的手头也会越来越紧。权衡了好久她才打电话给丽华，委婉地提起这件事。没想到丽华却在电话中大念起苦经，历数自己的困难，最后还强调了一些彼此关系如何友好、自己绝不会赖账之类的话。言下之意，林璇这样电话讨债伤了她的面子！无奈之下林璇只好自认倒霉，但决心以后不再和这样没有信用的人交往，更不会再借钱给她了。

从这件事可以看出，到约定的日期不还钱的行为，无疑对感情最具杀伤力。但在现实生活中，这样的人却不在少数。在借钱时信誓旦旦：到了某月某日自己一定还！然而到了约定的日期却不还人家一分，这种缺乏诚信的做法，必然会让债主心中不悦。债主也许会暂时忍着不发作，但若

想再从他那里借到一分钱，恐怕会比登天还难；还有一种人是记忆力比较差，竟然将借钱这事给忘了，这种人除了被债主在心里骂上千遍万遍外，最后还要被冠以"无赖"的称号；再有一种人就是故意不还，其做法是"借别人的鸡为自己生蛋"，最后连人家的"鸡"也给吃掉了，世间这种行为最为可恶，其结果只能是亲人反目、朋友翻脸，甚至会到法庭打一场经济官司。

生活或工作中，除一些无法预料的意外情况导致经济紧张不得不向人求借外，大多数时候，有些人缺钱都是由自己造成的。其原因是收支没有计划：有钱时大手大脚，没钱时靠借债度日。还有的是为了在人前摆阔充面子，与人攀比吃喝享乐。不知这些人想过没有，借钱享乐，何异于侵吞他人的财产？

在日常生活中，想不做负债人，就应对自己的每笔收入和支出做到心中有数，能不花的钱尽量节省，能不借的钱就不要开口求借，处处精打细算，量入为出。如果因为一笔完全没有必要的借款而终日生活在压力之下，并导致与朋友翻脸、亲人反目，就太不值得了！而且，如果因此而导致真正需要用钱时竟没有人肯出手相助，那就更会后悔莫及。

余伟和马力是好朋友，也是同事。余伟结婚前，看到别人的新房都装修得富丽堂皇，不想自己因新房简陋而受到朋友们讥笑，决定也好好装修一番。但他和女友都属于当月赚钱、当月花光的"月光一族"，根本没有什么积蓄，所以就向好友马力及其他几位亲戚求借。马力的太太知道余伟是个享乐型的人，大手大脚惯了，就不同意将钱借给他。但马力念及朋友结婚是件大事，无论如何也不能拒绝，再说余伟还满口答应，等婚事办完就用收到的礼金偿还这笔钱，所以他对太太动之以情，晓之以理，到最后还是把钱借给了余伟。

余伟的新房装修得极其豪华，婚事也办得非常有排场，令所有宾客都赞叹不已。婚事办完后，余伟夫妇接着又"飞"往国外去度蜜月。当他们蜜月归来后，余伟口袋中的钱已经所剩无几了，根本不够还债。马力的太太先是看到余伟借钱办的婚礼居然搞了那么大排场就已十分不满，随后又见他竟然绝口不提还钱的事，就更加生气，所以她经常因为这件事和马力

吵得不可开交。不久，余伟借钱摆排场、不按承诺还钱的事在公司中闹得人尽皆知，从此他在公司的名声一落千丈，最终和马力的关系也降到了冰点。

欠债还钱，古今同理，借别人的钱终归要还，这是为人之道。既然借钱是伤面子、伤感情的事，平时就应该以勤俭持家为本，少向人开口借钱。《中国家训经典》中说："由俭入奢易，由奢入俭难……不馋不寒足矣，何必好吃好穿？"古人告诉我们，应当学会生活，学会用钱，不挥霍、不浪费，将每一分钱都用在该用的地方，不要看到别人有了新奇物品就心动，不要听到别人说某种生活方式比较时尚就去尝试。要时时量入为出，切不可轻易向亲友借钱，只有这样才不会伤及至爱亲朋的感情。

债务是沉重的负担，盲目举债就如同给自己挖陷阱，让自己深陷其中。债务陷阱是人生各种陷阱中最危险的陷阱之一，如果你陷入其中，你的生活秩序就会受到破坏。

为什么会出现盲目举债的情况呢？它通常源自于我们开始享受物质财富时养成的坏习惯。因为如果人们需要立刻得到自己想要的东西，他们手头上又没有任何储蓄，除了借钱没有其他办法。无论干什么事情都要借钱：买衣服、修车、逛夜市、度假等等。这些事情当然很有趣，可是对你的财富创造计划而言，它们不会增加一分钱。

购物欲膨胀的人们就这样不顾将来，花光兜里所有的钱。似乎这样做并没有什么害处，尤其是当人们还年轻、同父母住一块儿的时候。其实不然，这样做是在给自己找麻烦，因为一旦你养成了挥霍的习惯，你就永远都无法建立起自己的现金储备。这样的生活犹如走钢丝，而你却没有意识到这一点。更糟的是，可能你还办了一个或好几个银行信用卡，在肆无忌惮地透支！

的确，透支信用卡是一个解决问题的办法，但是也要付出代价的。以后，你每个月的工资都要被扣掉一部分用来还债。或许，这对你说根本算不了什么，偿付信用卡上的债务，每月也就多支出几百元，很容易对付过去。但可怕的是，你已经染上了不良习惯，你借了钱，办了事，却没有意识到自己为此所付出的代价。很快，新的诱惑又朝你眨眼儿，这次要透支更多的钱。照此下去，年复一年，你就债台高筑。如果债务总额为2000元，

那你一个月就要偿付 100 元。别忘了，问题不只是这 2000 元的债务，更为严重的是，你染上了靠借债为生的恶习。

负债也并非完全不可，只是要考虑值与不值。如贬值物品，就不能为其负债。为贬值物品负债很不值得，因为它要花费你一笔钱来支付利息，而且这种利息支出还不能抵税。这样会诱使你陷入债务陷阱。

另一个要考虑的就是收入状况和还贷能力，不能为超出个人能力的消费还贷。遗憾的是，很多高收入者往往贪慕虚荣，觉得他们努力工作了，就应该纵情享受一番，所以他们会将钱用于购买豪华的进口轿车，然后开着车到处找乐。这是一个令人尴尬的处境。他们拼命工作赚钱，为的就是过上舒适的生活，可在赚足了钱之前，他们不得不借钱买房子、进行装潢。他们为此付出的代价常常是惨重的。他们认为自己可以通过拼命地工作赚钱来支付这笔债务。其实，这样做不太划算，因为所得税通常是累进的，他们挣的越多，交的税也就越多。当然，他们也会采取一些节税的手段，但是这样做总是会牵扯到借更多的钱，最终会陷入债务陷阱，财务和身体都会走向崩溃。

即使那些有着巨额收入的人，如果陷于债务之中也会吃不消，一切都会让他忧心忡忡，以至意志消沉，处境悲惨。

尼古拉斯一生曾有 4 次赚得巨额财富，但最后他却要接受募捐，原因就在于他对消费毫无计划，并讨厌理财。他认为理财计划会使每一种高贵的思想都失去了光辉。这样他就被迫过着一种东躲西藏的生活。有时候他一年就能够赚得 100 万美元，但这些钱到他手里转眼就没有了。他的负债据说高达 400 万美元，这都是他追求奢华所致。

美国政治家韦伯斯特因为钱袋空空而苦恼，也是他不善理财和生活奢华而造成的。他负债累累，不能自拔。作为一名美国参议员，他要接受波士顿实业家的救济才能维持生活，以至于他的学说也充满了受贿的味道。

哥尔德斯密斯是又一位逍遥自在的债务人。他在负债的汪洋大海里漂泊，刚偿清一笔，又卷入另一笔，而且越陷越深。他做家庭教师赚了一笔钱——这是他全部的钱，他马上用这些钱买了一匹马。他的亲人为他提供

了50英镑，让他去法学院学法律，但他还没有走出柏林，就花掉和赌掉了所有的钱，以至于他的欧洲之行没有一分钱，只能沿路乞讨。回到英国时，他仍一贫如洗。甚至在他开始自立赚钱之后，他依旧债务累累。他一手进一手出，被别人三番五次地催讨牛奶费，他因缴不起房租而被捕，也受到过律师的威胁，但他从未领悟节俭的智慧。

看来，不会理财、用钱无度都是我们身陷债务陷阱的原因。一个人能保证不负债吗？有没有可能避免因债务引起的道德堕落呢？要做到这一点只有一个办法，就是你必须学会"用之有度"，也就是开发你的财商，学会管理财务。不幸的是，这一点人们现在做得太少了，人们无力抵制挥霍金钱的诱惑：有人想拥有精美的家具，有人想住在租金很高的公寓里，有人想举行很豪华的宴会。所有这些都不错，但是如果你无力支付就不要沉溺于此，你借钱又不能还，举行宴会难道不是表现了穷摆阔气的寒酸相吗？

一个人不应该以入不敷出的方式生活，也不应该为了今天的奢侈生活而花掉下周的收入。通过债务我们可以预见未来，一个人如果避免借贷，就能把握自己的确切状况。如果购置任何物品均以现金支付，那么家庭账户必能做到年年有余。

所以，每个人最明智的做法就是不要为了享乐或不值的商品盲目举债，否则就只会让自己陷入债务陷阱之中，使自己的人生黯然失色。

〉〉怎样规避盲目举债的错误

● 在日常生活中要做好收支计划，力求使自己的每一分钱都能用得恰到好处。古人说："常将有日思无日，莫等无时思有时。"只有在平日生活中量入为出，理财有道，才能避免因借钱而带来的尴尬。

● 力求节俭，摒弃奢华和浪费。富兰克林说得好："节俭是人一世受用不尽的利益。"反之，一个负债累累、愁容满面的人，是无权享受这一巨大利益的。

● 无论收入多少，都要坚持存储，以备不时之需。

遇事斤斤计较，不肯吃一点亏

——不肯吃一点亏的人肯定也不会享受到大"便宜"

◎讨厌指数：★★★★

◎有害度指数：★★★

◎规避指数：★★★★

【特征】

1. 与他人发生矛盾或冲突时，得理不饶人，无理辩三分。

2. 小肚鸡肠，与他人相处困难，严以律人宽以待己，自以为聪明。

3. 不肯帮助别人，在物质利益上斤斤计较，不肯受丁点损失。

　　在生活中有这样一些人，他们处处不肯吃亏，喜欢斤斤计较，什么事都要争个你死我活，要抢上风、占便宜，以此显示自己不是好欺负的人，结果却往往更容易吃亏和倒霉。这是为什么呢？因为一点亏都不想吃的人总是把自己的利益放在第一位，这必然会侵犯别人的利益，日久天长，就会造成人际关系紧张，立足的空间越来越狭小，如此一来还如何谈成功呢？

有些斤斤计较的人，其实说到底是处事不够圆滑、机智，没有长远的眼光，想获取利益却不会用智谋，只会直来直去，这种方法只会开罪人。唐朝的刘文静就是这样的典型。

唐初的刘文静是李世民起兵反隋时的主要谋臣，也是唐朝的开国功臣。与刘文静相比，裴寂的资历要浅一些。裴寂是经刘文静的介绍才加入反隋行列的，但他善于奉承李渊，甚至曾经将隋炀帝的宫女私自送给李渊，把李渊哄得很高兴。

有一次，刘文静在上朝时受到了裴寂的一番讥讽，回到家里还在闷闷不乐，他发誓说："我一定要杀掉裴寂这个可恶的混蛋！"

没想到，刘文静的这句话被他的一个失宠的小妾听到了，这个小妾上告了朝廷。朝廷将刘文静抓了起来，在审问他的时候，刘文静将自己心底压抑了很久的苦闷全都倒了出来，他说："当初，皇上在起兵之时，我的地位在裴寂之上，如今天下平定，裴寂被授予高官，而我的官职却比他小了许多，所以我心怀不满，酒醉之后说了那些话。"

李渊听了刘文静的一席话后很生气，认为他有谋反之心，决定将他处死。此时，朝廷中多数的大臣都为刘文静说好话，但却不能改变皇帝的决定。

裴寂见报复刘文静的机会来了，当然不肯放过。他火上浇油地对李渊说："刘文静的确立过大功，但也有谋反之心，如今天下还不太平，如果赦免了他，肯定会有后患。"这话正合李渊的心意，他立即宣布将刘文静处死。

做人要能屈能伸，当你处于弱势的时候，吃一点亏又何妨？何况，人生最重要的并不是权力和金钱。刘文静如果是个聪明人，就不会为了眼前的权力与名望去计较，得罪皇帝身边的红人进而得罪皇帝。所以，有的时候，宁可吃些亏，也不要过于功利，与人发生直接的矛盾冲突，以免自讨苦吃。

还有的人不想吃一点亏，是怕别人把自己当成傻瓜，其实越想让自己表现得聪明的人越不聪明。这样只会使他们的人际关系变糟，因为这年头，没有人喜欢以聪明人自居的人。

小范是一家公司新招的员工，他的职位是计算机管理员，工作无非是维护一下公司现成的系统和网站，相对于公司里的其他员工来说，是比较清闲的。当其他同事忙得热火朝天的时候，他一般就是坐在电脑前

无所事事。同事们看见这个情况，当然不会放过这个可以帮忙的人了，所以，有时候免不了这个同事开口让他帮忙做做这，那个同事开口让他帮忙做做那。他心想：这又不是属于我的工作，干了也是白干。于是都以"我不会"或是"我现在也在忙着呢"等理由给推掉了。渐渐地，同事们也都知道了他的态度，不再有人开口让他帮忙了，不过从此他也被孤立起来，公司里没有人再愿意跟他交往，对他的态度也很冷淡。更严重的是，有时候老板想找人做点什么事时——当然都是小事，看其他人都忙着，便叫他去做，结果他也以各种理由给推掉。这让老板心里很不舒服，他心想：我每个月花这么多钱养你在这里闲着干吗？又不是只有你一个人会做计算机管理员。

结果，处处不帮忙的小范没多久就被炒了鱿鱼。

要将取之，必先予之，这才是一种高明的处世方法。小范如果想得到同事的欢迎、领导的赞赏，在公司立稳脚跟，就得先为别人适当付出。可他竟然一点"亏"也不想吃，连领导都叫不动他，哪里能在公司干长久。大凡当领导的，都喜欢办事得力、不斤斤计较个人得失的部下。要取得领导的信任，首先你自己要付出巨大的努力。

正确的做法是：凡是领导交给你的工作，不管分内分外，不但不能推脱，还都要尽最大力量去完成，争取每一件事都做得漂漂亮亮。对待个人利益一定要以大局为重，不要去斤斤计较。遇到一些非原则性的小事，尽管自己觉得委屈，也不要去招惹你的上司，以免同他产生对立情绪。这样就会让他觉得，他欠你的太多，在需要的时候，他必然会首先想到你。常言说"吃亏是福"，就是这个道理。

还有一些人不肯吃一点亏，为了一些鸡毛蒜皮的事争个你死我活，最终弄得个两败俱伤的下场。比如人家不小心踩他一脚，他能骂上老半天，不把对方骂个狗血喷头不罢休。结果轻则是自己惹了一肚子气，脚疼也不会消失，重的呢，是对方被骂急了，不甘示弱，与其动手，结果是脚疼未消，又添新痛。

类似于这样的情况太多了，生活中屡见不鲜：公交车上为了抢一个座位大打出手；邻里之间为了鸡、狗之类的事大动干戈；夫妻之间为了

一句话吵个没完没了……碰到这样的情况,总得有一个人让步,也就是"吃亏",否则无法解决问题。

所以,一辈子不吃亏的人是没有的,问题在于我们如何看待这个"吃亏"。

在人际交往中无法做到绝对公平,总是要有人承受不公平,要吃亏。倘若人们强求世上任何事物都要公平合理,那么,所有生物连一天都无法生存——鸟儿就不能吃虫子,虫子就不能吃树叶……既然吃亏有时是无法避免的,那何必要去计较不休、庸人自扰呢?遇事若以一种"难得糊涂"的态度来取代"斤斤计较"的态度,你的眼前必然会豁然开朗。

人非圣贤,孰能无过?与人相处就要互相谅解,经常以"难得糊涂"自勉,求大同存小异,有肚量、能容人,你就会有许多朋友,左右逢源、诸事遂愿;相反,眼里揉不进半粒沙子,过分挑剔,什么鸡毛蒜皮的小事都要论个是非曲直,容不得人,人家也会躲你远远的,最后你只能关起门来"称孤道寡",成为使人避之唯恐不及的人。古今中外,凡是能成大事的人都具有一种优秀的品质——就是能容人所不能容,忍人所不能忍,团结大多数人。他们胸怀豁达而不拘小节,从大处着眼而不会目光如豆,从不斤斤计较、纠缠于非原则的琐事,所以他们才能成大事、立大业,使自己成为不平凡的人。

一些无关紧要的小错误若是无伤大局的话,那就没有必要去费力不讨好地纠正。这样不但能保全对方的面子,维持正常的谈话气氛,还能使你有意外的收获——给对方和其他人留下良好的印象。做人固然不能玩世不恭、游戏人生,但也不能太较真,认死理。"水至清则无鱼,人至察则无徒"。太认真了,就会对什么都看不惯,连一个朋友都容不下,把自己同社会隔绝开。镜子看起来很平,但在高倍放大镜下,就成了凹凸不平的山峦。肉眼看很干净的东西,拿到显微镜下,满目都是细菌。试想,如果我们"戴"着放大镜、显微镜生活,恐怕连饭都不敢吃了。如果用放大镜看别人的毛病,恐怕那家伙早已是罪不容诛、十恶不赦了。

不过,要真正做到不斤斤计较、能容人,也不是件简单的事。这需要有良好的修养,需要善解人意,需要从对方的角度思考和处理问题。多一些体谅和理解,就会多一些宽容,多一些和谐。比如,有些人一旦

做了官，便容不得下属对自己有半点不敬或是出半点毛病，动辄捶胸顿足，横眉怒目，属下畏之如虎，时间久了势必积怨成仇。想一想，天下的事并不是你一人所能包揽的，何必因一点点小事便与人动气呢？而作为员工，遇到待遇不公之事，你就要想：人与人之间总是有所不同的，没有绝对的公平可言。你应该把注意力放在自己身上，以"他能做，我也可以做"这种宽容的态度去看待所谓的"不公平"，这样你就会有一种好的心境。好心境是生产力，是创造未来的一个重要保证。

在公共场所遇到不顺心的事，实在不值得生气。素不相识的人冒犯你肯定是另有原因的，不知哪一种烦心事使他这一天情绪恶劣、行为失控，正巧让你赶上了。只要不是侮辱了人格，我们就应宽大为怀，不以为意，或以柔克刚，晓之以理。总之，不能与这位与你原本无仇无怨的人瞪着眼睛较劲。假如较起真来大动肝火或刀对刀、枪对枪地干起来，酿出个什么不好的后果，那就犯不上了。跟萍水相逢的陌路人较真，实在不是聪明人做的事。假如对方没有文化，一跟他较真就等于把自己降低到对方的水平。另外，对方的触犯从某种程度上是发泄和转嫁痛苦，虽说我们并无分摊他痛苦的义务，但客观上确实帮助了他，无形之中做了件善事。这样一想，也就能容他了。

清官难断家务事，在家里更不要事事较真，否则你就愚不可及。家人之间哪有什么原则、立场的大是大非问题，都是一家人，非要分出个对和错来，又有什么用呢？人们在社会上充当着各种各样的角色：恪尽职守的国家公务员、精明体面的商人，还有工人、职员，但一回到家里，脱去西装革履，也就是脱掉了你所扮演的这一角色的"行头"，除去了社会对这一角色的种种要求、束缚，还原了你的本来面目，使你尽可能地享受天伦之乐。假若你在家里还跟在社会上一样认真、一样循规蹈矩，每说一句话、做一件事还要掂量再三，考虑对错，顾忌影响、后果，那不仅可笑，也太累了。

头脑一定要清楚，在家里你就是丈夫或妻子。所以，处理家庭琐事时要采取"绥靖"政策，安抚为主，将大事化小，小事化了，当个笑口常开的和事佬。具体说来，做丈夫的要宽厚，在钱物方面睁一只眼闭一只眼，越马马虎虎越得人心。比如，妻子对娘家偏点心眼，是人之常情，你别往心里计较，那才能显示出男子汉宽宏大量的风度。妻子对丈夫的懒惰等种种难以容忍的毛病，也应采取宽容的态度，切忌唠叨起来没完，嫌他这嫌他那。也不要偶尔丈夫回来晚了或有女士来电话，就给脸色看，鼻子不是鼻子、脸不是脸地审个没完。看得越紧，对方的逆反心理反而越强。只要你是个自信心强、有性格、有魅力的女人，丈夫再花心也不会与你恩断义绝。就怕你对丈夫太"认真"了，让他感觉是戴着枷锁过日子，进而对你产生厌倦，那才真正会出现危机。

家是避风的港湾，应该是温馨和谐的，千万别把它演变成充满火药味的战场，狼烟四起，鸡飞狗跳。这关键就看你怎么去把握了。

史学家范晔说："天下皆知取之为取，而不知予之为取。"做人不但不要怕吃亏，还应当主动付出，这才是得到你所需的途径，并且，你所得到的总会大于你所付出的。

> 〉〉怎样规避遇事斤斤计较，不肯吃一点亏的错误

● 多学一些成功的为人处世之道，开阔自己的心胸和眼界，不要只看眼前的利益和损失。

● 给自己订立一个目标，然后从人际关系、事业上分析哪些事对自己有益，哪些事对自己无益。为小事与人交恶、怕吃亏而不肯帮助别人等都是对自己走向成功无益的事。

● 衡量一下斤斤计较的得与失，就会发现因小利益和小事与人交恶根本不值得。

因为工作、感情等毁掉自身健康

—— 一个人若是没有了健康的身体，那么所有的一切便等于零

◎讨厌指数：★★★
◎有害度指数：★★★★
◎规避指数：★★★

【特征】

1. 不懂得劳逸结合，身体超负荷运转，劳累过度，把身体累垮。
2. 因生活或工作压力使身体受到不良影响，进而出现病症。
3. 因感情受挫产生不良心理，导致身体健康受影响。

　　心理专家大都认为，我们身体上所感到的疲劳和不适，多半是由精神和情感因素引起的。

　　身体是智能的载体、事业的本钱。可有些人往往本末倒置，把工作和感情放在第一位，忽略了自己的健康，透支了体力与精力，进而毁掉了自身健康。

　　日益紧张的生活环境和竞争环境，迫使人们付出很大的健康代价以

适应生存的需要。在日本，由于过于紧张的商业竞争和过于强烈的责任感，使相当比例的中年男人由于过度劳累而猝死。这一现象需要引起人们的高度重视。在中国，很大一批人为了升职、房子、车子、家庭等在外面拼搏，不注重休息和生活规律，使身体出现了不良症状，造成偏头痛、胃病、肝硬化等病症。不管什么原因，一个普遍的现象就是，出现了严重的"健康透支"，还没到老年的时候，身体就先垮了下来。

一个人在年轻的时候拼命工作，拼命挣钱，于是出现了健康的透支情况。然后到了老年，又拿出数倍的钱去看病，这样其实是很不合算的。

在过去生活条件极其恶劣的情况下，人们无法关照自己的身体，这是非人为的因素。在今天，在生活条件相当富裕的情况下，人们不保护自己的身体则完全是人为的了。在生活中我们会发现，由于人为因素造成生活不规律的人很多。

"健康透支"使人们支付太高的不必要的人生成本，诸葛亮就是其中一个典型。

诸葛亮事必躬亲、积劳成疾的状况，早就被他的对手司马懿看到了，司马懿说诸葛亮"食少事繁，不能持久"。据传，诸葛亮的第二故乡襄阳有一种地方病，那里的龙泉涧流出的泉水含有有害物质，容易引起关节炎、骨结核等症，30岁以上者患病率更高，大多黑瘦。诸葛亮入蜀之后，由于蜀地多雾的环境，使之病情进一步恶化，再加上多年南征北战的军旅生活，终于使他在54岁时就抱病长眠。

所以，诸葛亮虽满怀大志，准备出师中原，但却因为身体成本已经耗费完了，54岁时就"秋风五丈原"一病而亡。于是，收复中原的机遇就不属于诸葛亮了。

杜甫在他的著名诗篇《蜀相》中不无痛惜地写道："出师未捷身先死，长使英雄泪满襟。"

我们在今天也会禁不住感叹：诸葛亮支出的人生成本也太高昂了。人的体能劳动和智能劳动应该设计一个科学、合理的配比，不能随意支取和使用。

汽车大王福特说过："只知工作而不知休息的人，犹如没有刹车的汽

车，极为危险；而不知工作的人，则和没有引擎的汽车一样，没有丝毫用处。"如果将人的身体比作一辆汽车，那么，人们应该力保"经济车速"，以避免过多的体能耗损。

健康表现在生理和精神两个方面，而更主要的还是后者。也就是说，精神紧张、压力过大是健康的最大杀手。

唐山大地震时，出现了许多生命的奇迹。人们发现，被埋在废墟下面的人，越是思想简单的人，抵抗力越强，生命力也越强，而思想丰富的人则会很快地抑郁而死。这一现象给我们一个启示：在人的生命中，精神系统的紊乱更会危及人的健康。

大多数现代人的精神处于紧张和高压状态，这从近几年来失眠、抑郁症、自杀等人数增多的情况就可以看出，人们在拉紧自己的压力阀。

其实，纯粹由生理引起的疲劳是很少的。一些人烦闷、悔恨，总有一种不受赏识或是无用的感觉，过于匆忙、焦急、忧虑——这些都是使那些工作强度本身并不大的人感到精疲力竭的因素。这会使他容易感冒，会减少他的工作业绩，而且会让他回家的时候带着神经性的头痛。

而忧虑是健康的最大敌人。曾经获得诺贝尔医学奖的亚历克西斯·卡锐尔博士说："不知道抗拒忧虑的商人都会短命而死。"其实不止商人，上班族、家庭妇女、政治家等等都有这个可能。

忧虑可以导致三大病症：心脏病、消化系统溃疡和高血压。约瑟·蒙塔格博士曾写过一本叫《神经性胃病》的书，他说："胃溃疡的产生，不是因为你吃了什么而导致的，而是因为你忧愁些什么而形成的。"另一位医学博士说："胃溃疡通常随着你情绪的紧张或放松而发作或消失。"

事实上，忧虑可以引起很多种疾病。爱德华·波多尔斯基博士所写的《停止忧虑，换来健康》，就谈到了几个忧虑与疾病相关的问题：

忧虑对心脏有重大影响；

忧虑可造成高血压；

忧虑可能会引起风湿病；

为了保护你的胃，请少忧虑些；

忧虑会使你感冒；

忧虑和甲状腺有关联；

忧虑可诱发糖尿病。

忧虑甚至可以使最强壮的人生病，在美国南北战争的最后几天中，格兰特将军发现了这一点。故事是这样的：

格兰特围攻里奇蒙德9个月之后，李将军手下衣衫不整、饥饿不堪的部队被打败了。有一次，好几个兵团的人都开小差，其余的人在他们的帐篷里开会祈祷——叫着、哭着，看到了种种幻象。眼看战争就要结束了，李将军手下的人放火烧了里奇蒙德的棉花和烟草仓库，也烧了兵工厂，然后在烈焰升腾的黑夜里弃城而逃。格兰特乘胜追击，从左右两侧和后方夹击南部联军，而由骑兵从正面截击，拆毁铁路线，俘获了运送补给的车辆。

因剧烈头痛而眼睛半瞎的格兰特无法跟上队伍，就停在了一户农家。"我在那里过了一夜"，他在回忆录里写道，"把我的两脚泡在加了芥末的冷水里，还把芥末药膏贴在我的两个手腕和后颈上，希望第二天早上能康复。"

第二天清早，他果然复原了。可是使他复原的，并不是芥末药膏，而是一个带回李将军降书的骑兵。

"当那个军官到我面前时，"格兰特写道，"我的头还痛得很厉害，可是我一看到那封信的内容，我就好了。"

显然，格兰特是因为忧虑、紧张和情绪上的不安才生病的。一旦他在心理上恢复了自信，想到他的成就和胜利，病就马上好了。

生活中有一些男人，有两个恶习：一是抽烟，一是饮酒。他们其实是想借此来缓解精神压力。中国白酒消费量大得惊人，它反映了人们精神生活的一个方面。抽烟则是一种精神麻醉形式。在过去，抽烟似乎是天经地义的事情，是男人不可剥夺的权力；喝酒更是男人的一种生活方式，人们在几两酒下肚时宣泄自己的精神压力，抒发自己的豪情。这说明人在生理健康与精神健康发生冲突时，宁可牺牲生理上的健康，也要维持精神上的平衡。

那么，摆在男人们眼前最严峻的问题当然就是，找到一种既能保护生理健康又能保护精神健康的生活方式，以避免为保持精神的平衡而支

付巨大的生理健康成本。

而我们的女性呢？她们的压力似乎不逊于男性，因为她们扮演着传统家庭女性和现代女性的双重角色，如果调整不好，身心就更容易疲乏。

王萍是一位职业女性，自参加工作以来，一直兢兢业业，仿佛一架机器一般，永无休止地转动着。她同时又是一个尽责的家庭主妇，早上是全家第一个起床的，晚上又是最后一个上床的。上班的时间，她在办公室忙着；下班以后，她又得在家里操持家务，日子过得像接力赛。星期日、假日更像是打仗一般，一星期堆积下来的家务要来个大清理，还要为下周的油盐酱醋做准备。买回来的菜，该洗的洗，该腌制的腌制，有时孩子们还要求打牙祭，或临时约来几个朋友共进晚餐，那就更加忙得晕头转向了。一天下来已心力交瘁，第二天一大早又要为下一个星期忙碌了。一年到头，周而复始，如此这般。

每一位职业女性的情形大都如此，甚至有人因长期精力、体力透支而患上失眠症、神经衰弱症，动不动就心悸、盗汗、头晕、失眠，晚上非得靠安眠药、镇静剂之类的药物帮助睡眠，否则就只能眼睁睁地挨到天亮。长此以往，终有一天要精神崩溃，心脏也会因长期的过度紧张而不胜负荷。

碰到这种身心上的疲累，我们应该怎么办呢？一是放慢节奏，二是彻底放松，放松你的脸部肌肉、你的头部、你的肩膀乃至整个身体，慢慢地消除身体和心灵上的紧张。

科罗拉多医科大学的富兰克林·耶伯博士认为，在一般医院的疾病案例中，有三分之一的疾病在性质及发作症状方面很明显是器官上的障碍，三分之一是感情上和器官上的疾病所造成的结果，剩下的三分之一很明显地是因为感情因素。

事实上，只要是曾生过病，而且能深入思考的人，不论谁都会坦率地承认心痛、怨恨、憎恶、恶意、嫉妒及复仇等这些心理因素就是引起不健康的原因，而这些心理状态大都是由感情上的挫折引起的。

丽萍与大鹏青梅竹马，相恋多年。就在他们即将走进神圣的婚姻殿堂时，远在深圳的大鹏突然提出分手，并告知丽萍他已另有所爱。心痛欲绝的丽萍几乎要崩溃，终日神思恍惚，以泪洗面，不能自拔……

再看下面的例子。

一位男青年，年轻有为，是某公司的副总裁，他因与女友分手而陷入深深的苦恼中。一个月以来，他食欲很差，差不多天天失眠，常感到头晕、胸闷，浑身疲倦无力，睡到半夜时常出虚汗，白天无论做什么都无精打采，为此曾受到总裁的多次批评。他的心情很烦闷，总想发脾气，总想报复女友，让她没有好下场，有时找不到发泄对象就拿东西撒气。

失恋者对伤害自己的人会本能地产生仇恨心理。歌德在《少年维特之烦恼》中描写了维特失恋时疯狂至极的心情："在我破碎的心中常有一个念头疯狂地纠缠不休——杀死你的丈夫！杀死你！""爱有多少，恨就有多少。"甚至有人会用毁灭自己来报复对方，企图因此让对方悔恨终生。许多人当初对待情人如"春天般的温暖"，一旦自己的占有欲得不到满足，就转而如"秋风扫落叶"般无情地对待"敌人"！

忧伤、仇恨、报复的心态都会毁掉我们的健康，为一个不爱你的人付出这样大的代价是否值得呢？如果你换一种眼光去搜寻、审视、比较，或许会惊讶于自己的发现：他并非如你所想的那样完美无缺。当你再一次坠入爱河时，蓦然回首，也许会发现"塞翁失马，焉知非福"！

钢琴大师李斯特17岁初恋失败后痛苦异常，一病就是两年，并发誓要进入修道院。后来他结识了女作家达古夫人，从新的爱情中得到了拯救。《理智与情感》中，玛丽安娜失恋后悲痛欲绝，对母亲说："我世面见得越多，越觉得我一辈子也不会见到一个我会真心爱恋的男人。"她自我作践，差一点送掉性命。但姐姐的榜样使她变得理智起来，姐姐用行动否定了她的"格言"。她发现自己投入到新的情感，担负起新的义务，把自己的整颗心完全献给了丈夫，过上了美满幸福的生活。

有专家认为：现代人的生活方式对健康极为不利。若是把健康比做"1"，婚姻、事业、金钱比做后面一个又一个"0"，健康这个"1"在的时候，后面的"0"越多，你的人生就越丰富；而前面这个代表健康的"1"一旦不在了，你后面的"0"再多，人生也只是一个"0"。

如果你对自己的未来负责，就不应该为了永远也做不完的工作和不定性的感情而自毁健康。

〉〉怎样规避因为工作、感情等毁掉自身健康的错误

● 调节好生活与工作，避免过度劳累

经常休息，在你感到疲倦以前就休息。

把握好工作的节奏，有条不紊地进行。

放松自己的精神和身体，驱除压力和不必要的负面情绪。

（职业女性）简化家务。周末可以全家出去吃一顿，放松一下身心。请个钟点工定时帮助搞一下家庭卫生，花费无几，但却能让你精力充沛地投入工作，何乐而不为！

对一些常见病、职业病要早预防、早发现、早治疗，防止造成因小病不看而引起积劳成疾、贻误生命的悲剧。

● 善待自己，时间能医治感情的创伤

走出情感的阴影，你将会得到一个充满阳光的新世界。一般说来，失恋总要经过一个从雷震似的轰击感、焦灼的痛苦燃烧感和烦躁不安到逐渐平息的过程。前两个阶段是"危险期"，有长有短，但只要闯过了危险期，以后你就可以逐渐从失恋的痛苦中摆脱出来，走上"康复"之路。所以，你不必绝望，不必着急，痛苦会随时间的流逝不知不觉地慢慢消散。当然，或许在忧郁的某一天，心中还会隐隐作痛，但毕竟最痛苦的时光已经过去了，你应该欣喜。

失恋之后的一个重要"功课"就是反思，即善待自己，合理地评价自我、爱情和生活。生活中，你千万不可钻牛角尖，自讨苦吃。如果你自认为失恋就是致命的伤害，那谁也救不了你。如果换个角度看问题，一切自会豁然开朗！

要有一颗宽容的心，原谅别人的伤害和背叛。人都有选择的权利，今天别人背叛或是离开你，明天你也许也会因不爱某人而离开他。

身陷"办公室恋情"

——办公室是复杂之地，需要冷静的头脑，身陷"办公室恋情"大多会输得很惨

◎讨厌指数：★★★
◎有害度指数：★★★★
◎规避指数：★★★

【特征】

1. 与办公室同事日久生情，跨过友谊的围栏从而影响到工作。

2. 与已婚同事发生婚外情。

3. 与主管或老板关系暧昧。

　　同事之间无论是在工作中还是在生活中都有许多共同语言，人们每天活动在办公室的时间比在家的时间还多。随着互相之间的了解日益加深，一些感情暗暗滋长，日久生情，也就在情理之中了。于是，朝夕相处的同事就极有可能发展成恋人，办公室自然成为恋爱的场所，很多人身陷办公室恋情不能自拔。

那么，面对办公室恋情，是该让它向左走，还是向右走呢？有人说，恋爱会让人分泌荷尔蒙，增加工作动力，所以，办公室里的恋情会给人带来积极的动力，提高工作效率，增加业绩。也有人说，办公室恋情向来比办公室政治还难缠，克林顿的"办公室恋情"就是一个例子，那段私情让身为总统的克林顿身陷困境。一家权威机构的调查当中，对办公室恋情表示"不支持"的占到了46%，更有接近30%的人表示强烈反对，觉得这是在耽误自己的前程，会打破同事之间的平衡。

如此看来，不希望在办公室里谈情说爱的人占多数。有人针对办公室的恋情，写出了《办公室恋情N大恶果》，身陷办公室恋情的害处主要有：办公室恋情不但使双方丧失了自己的私人空间，还容易引发情变或婚外恋；恋人朝夕相对，容易丧失距离美感；工作时心猿意马，容易被老板炒鱿鱼；如果关系破裂，就可能会陷入四面楚歌之中，面对种种不堪之辞百口莫辩；即使有情人终成眷属，其中一个不得不为爱情卷铺盖走人，大部分公司是不允许一对恋人在一起工作的，等等。

为什么很多公司都不支持"办公室恋情"呢？主要是因为两位主角同在一个公司工作，天天碰面，难免把握不好工作与感情的界线，而且闹不好不同工作性质的人在一块交流公司的信息会泄漏公司的机密，对公司造成损失，这是做老板的最担心的。所以为了不让感情影响工作，通常老板都会对其进行"封杀"。

办公室恋情的发生会在公司造成一定的负面影响和动荡，一个是因为事件本身，另一个重要原因就是当事人在办公室也表现得亲昵，甚至谈情说爱。一个人如果与公司同事约会，被人发现后就会被炒作成绯闻。她的同事就会认为她是那种热衷于恋爱而不专心工作的人。而且，假设她是和一位高级主管约会，别人更可能这样想：她是靠与领导上床才获得提升的。

25岁的小段在一家外企工作，她的工作能力与人缘一直不错，深得领导和同事的信任。2年后，她与30岁的部门主管相恋了。

有一天早上，有同事看见小段正好从主管的车里出来，两人还手牵着手走进办公大楼。公司员工们一下子像发现了重大新闻似的，八卦开始在公司内流传开来，比E－mail的速度还快。小段在同事中的声望开

始一路下滑，再也没有人信任她，生怕她会将彼此间对公司的批评或处理顾客的问题告诉那位主管。她的同事开始看轻她，还有人在她背后指指点点，说她"长得不怎么样"，但就是"有办法"把主管搞到手。

小段注意到了这些变化，但她想，只要不向大家公布她和主管的恋情，别人就不好再说什么了吧。但她们的行动却又不时在表明他们是一对情侣：主管平时在员工面前都是不苟言笑，很严肃，可唯独在她面前时愉快而又温情，说话的语调都不太一样。同样的差错，别人受到严厉的批评，对她却只有不温不火的一句"下次注意一点"。别人进主管的办公室交代工作都是开着门，而小段进去的时候，门却轻轻关上了。而且，她进去的频率明显高于其他同事。

员工们纷纷在背后议论起来："太不公平了，大家都是人，干吗这样差别对待。"这话后来传到了老板那里，经过证实后，考虑到主管的能力很强，只有委婉地让小段辞了职。

如果不是真的动了心，没有一定的承受能力，不要轻易发展办公室恋情。当然，并非说办公室恋情绝对不可取，关键是你要善于低调和妥善处理，还得有承受风险与后果的心理准备以及冷静处理事情、防止事态蔓延的能力。

在职场中，你与同事朝夕相处的时间可能比你的家人还要长，日久生情的事在办公室发生，当然也不足为怪。关键是你们的感情生活不能影响别人对你们能力和价值的评定。任何一位职场中人都不希望别人以错误的方式来评估他在公司的能力与存在的价值，因此在你决定开展一段办公室恋情的时候切记谨慎处理。

恋爱就像一场游戏，处理不好会令人劳心费神。而办公室里的恋情弄不好还会使你身败名裂。尤其是作为一名女职员，若是陷入与男同事的办公室恋情，那结局很可能会更悲惨。

子军儒雅幽默，时常关心、照顾宛竹。宛竹刚来公司时，他帮她分析了许多单位上的事情。尤其是她刚刚大学毕业独立工作，对于一个不很独立的女孩来说，可以说他在她心中占据了一个比较重要的位置。

宛竹和子军成了一对很不错的朋友。去年夏天，公司派宛竹去上海

学习一个月，临走时，子军把她送上车。在这段时间里，俩人互通电话，似乎都感到了对对方那无法克制的思念。

一个月后，宛竹回来了。子军告诉她他喜欢她，想娶她为妻。

宛竹从一个要好的女同事那里得知子军已经有女朋友了，就问："那你的女朋友怎么办？"

子军一时也无话可说，只说那是他老妈喜欢的女孩，他对她没有感情。宛竹当时也没有答应子军，只说需要考虑一下。以后的日子，她确实感觉到了子军对她的爱意和诚心。有一次，他喝醉后一直叫着她的名字。宛竹真的被感动了，心理防线松懈下来。

也许子军对他的女朋友说过这件事情，不久，宛竹就收到了这个女孩给她写的信，说子军最近不想和她相处了，老是不和她见面，要宛竹帮忙劝劝他。看见女孩很痛苦的样子，宛竹就准备和子军分手。子军哭着说要分手除非他死了。她心软了，她确实很爱他。但是有一天，子军告诉她，他的女朋友为他割腕自杀，幸好抢救及时……他一时半会儿离不开前女友。宛竹崩溃了，身陷这感情的纠葛之中不能自拔。

今年元旦，子军和那女孩举行了婚礼。宛竹在这种情况下，实在是受不了，想离开单位可是又舍不得，因为她的工作已经很有起色，上司有意要提拔她做主管。但是，她却提不起精神，整天无精打采，甚至还有一次失误，受到了上司的严厉批评，造成了很大的影响。

子军结婚后，他和老婆搬到了公司的宿舍，就在宛竹办公楼下。所以，有时她看到子军和他老婆一起就十分痛苦。她希望快点结束这感情的折磨，可是却又做不到。她开始不理睬子军，远远地躲开他，但还是不行。最后实在没有办法，她不得不离开这家公司。

同事和上司都为宛竹惋惜。

如何平衡工作和爱情呢？男人也许容易一些，而女人却不一样了，大部分女人会像宛竹那样，因感情而影响到工作。一旦卷入了恋情，那就近乎自杀。

办公室里的恋情，万一不成，身体和情绪会受到很大影响，处理不当更会影响工作。如果一个人不幸成为办公室恋情的主角，那么在工作

中就不得不被这情束手束脚。办公室恋情是事业发展的最大障碍。同时，办公室恋情难以长久，一旦破裂，连同事关系都难以维持。如果是女人，会让人说是被男人占了便宜；如果是男人，有可能被控诉为性骚扰，难脱"辣手摧花"的罪名。如果你作为小职员而与老板约会，则更会使你陷入进退维谷的境地，自己的小秘密也不免会曝光，自己一点点的提升更要接受同事异样目光的拷问，使你百口难辩。所以面对种种不堪后果，只能说办公室里的恋情有害而无益。

感情与工作如何取舍，不是很容易就能分清楚的。俗话说"男女搭配，干活不累"，这话是没错，但在生活中，因没有掌握好两性关系的度，把感情掺和进了工作而出现问题的人不在少数。轻的影响工作和前途，重的失去工作或事业。

小丽大学毕业后做外贸业务，她这样说："如果你在一家公司做久了，难免会对一起共事的异性产生朦胧的好感，但我认为这种办公室的情感最好适可而止，我就曾身受其害。"

小丽进公司的第一年曾经对一位男同事有感觉。她那时候还没有固定男朋友，那种暧昧的眼神和谈话让她很快乐，好像她和他之间的每一个细节都变得意味无穷。这样的关系维持了半年左右。

后来两人都参加了公司搞的一个圣诞狂欢派对，结束时他主动提议送她回家。可能是两人都喝得有点过头，在出租车上就拥抱在了一起，真的像情侣一样。车开到她家门口，他表现得更加大胆和主动。幸好她还残留了最后一点清醒和理智，所以结果什么都没有发生。可即使这样，她和他也没法儿再像从前那样眉来眼去，同事们猜忌的眼光和含沙射影的玩笑让她觉得很不自在，这种人际氛围甚至影响到她和他的工作表现。最后是他先选择了跳槽。本来，他的工作干得很好。他的离开，让俩人得到了解脱。否则的话，她还真不敢想象会是怎样的结局。

专家说：办公室恋情是"日久生情"心理的产物，也可以说是"速配"。男女长时间同处一间办公室，分享共同的工作话题，让人搞不清究竟是对同事真有了"爱的感觉"，或只是因为太熟悉彼此而产生暧昧的情绪。即使真是这种模糊的办公室恋情，这种感情基础也是不稳固的。

即使双方是真心相爱，但办公室恋情与工作、人际关系纠缠在一起，时间久了，也会出现多种矛盾。双方无论白天黑夜都在一起，没有了距离，出现恋爱上的审美疲劳，很可能会使一些小小的摩擦进一步激化。因为再好的感情也需要距离，任何人都是需要一定的私人空间的。如果你是个好男人（或贤妻良母），那么你人生的绝大部分时间将在家中度过，只有工作时间才能逃出那双眼睛。倘若双方无论白天黑夜都在一起，整天厮守，抬头不见低头见，不累死才怪呢。再好的感情也需要一些彼此分开的时间，以便双方都有可能做属于他们自己的事。上班是同事，下班是同室，办公室恋爱也许就会变得枯燥乏味了。

另外，感情总有个磕磕碰碰，在办公室里抬头不见低头见的，本来纯粹的工作关系会因感情的掺杂而变得复杂。万一俩人搞崩了，以后工作关系就变得生硬，沟通也难起来。弄不好会有人因此被调离。

所以，现在很多公司都有明确规定：不准男女同事谈恋爱，不准发生办公室恋情。而为了一个情字去保密，一定会不容易。有一点风吹草动，都担惊受怕，怕万一露馅儿，会被上司解雇。这样的恋爱哪里还有甜蜜可言。

发生办公室恋情，会让那些男女们陷入进退维谷之境。同单位或同部门的员工如果要结婚，其中一方就必须离开公司。要工作还是要爱情，这成了一些都市白领面临的难题。

25岁的小方是北京一家高科技企业的行政秘书，从2000年进入公司培训起，就被告知同事之间最好不要谈恋爱，因为这样会影响工作，一旦两人结婚，其中一人就要选择离开。然而，在此后的工作中，小方与公司开发部经理常江日久生情，谈起了恋爱。由于害怕公司知道，两人的恋爱只能像中学生在发展地下情一样躲躲藏藏。今年4月，两人结婚，但这样的喜事也还是办得偷偷摸摸。

可是，天下没有不透风的墙。婚后一个多月，俩人的秘密终于被人发现了，上司就找俩人谈话。很快，小方跳槽到另一家公司，重头再干。

现在，大多数公司都明令禁止员工之间恋爱，一旦"东窗事发"，那两个人就等着被"炒鱿鱼"吧。即使没有这种规定，但是俩人如果同在

一处做事，即使兢兢业业，也难免会被上司误认为工作时心猿意马，冤枉的苦水没有地方倒。

还有一种感情，是绝对不能在办公室发生的，否则是既毁前程，又毁家庭，这就是"婚外恋"。

王芬今年 34 岁，是一位离过婚的女性。而她离婚的起因就是两年前她所经历的一场办公室婚外恋。那时，她在一家公司任会计，公司的一个项目经理，跟她年纪差不多，对她好像格外的好，每次出差回来，总是只给她一个人带礼物。王芬觉得只是朋友情谊，没有多想就收下了。只要听到王芬说饿了，他马上就会跑出去买一大堆好吃的，弄得她心里有了一丝心动……不久他俩便越过了道德藩篱，搞起了"婚外恋"。两人自以为做得很隐蔽，但一举一动间的暧昧又怎能逃得过众多同事的眼睛呢？没多久就有消息传到王芬丈夫的耳朵里，他一气之下与王芬离了婚。

一波未平，一波又起。单位的领导见她离了婚，认为她是不打自招，确认她必和那个项目经理有瓜葛，在没有任何证据的情况下，强行停止了她的工作，开始查账。结果，查了一个多月，没有查出错误，就想不了了之。她受不了这个侮辱，于是毅然辞职，走出了那个是非之地。

像王芬这样的已婚人士是绝不可在办公室发生爱情的，尤其是两人又都是公司至关重要的人物。所以不应该在办公室里发生的爱情，就一定不要让它发生。

鱼与熊掌不可兼得，如果你想在事业上大展拳脚，得到老板的信任和重用，你就得有所取舍。除非你能保证自己的感情不影响到工作，否则不要接受办公室恋情。在这方面，也有做得好的。

年轻漂亮的马辉大学毕业后便进了一家合资企业做文秘工作。马辉生性开朗活泼，加上年轻、比较爱打扮，她每个月的工资差不多都花费在着装和化妆品上了。她走到哪儿都惹眼，乃至成了公司的明星人物。她的办公桌上经常会莫名其妙地出现玫瑰花和卡片之类，上面写着约会的时间、地点。但不管落款是谁，她都不赴约，只是一律把花插在花瓶里，然后把卡片丢进纸篓。这些求爱者偷偷看到这一幕，也就失望了。其实这些追求者当中也有让她有点动心的，但她觉得进这个大公司不容易，再想想发展办公室恋情的后果，便不敢往前走了。

公司老总发现她不为小利所动，定为可用之才，遂提拔她做公关部门的经理，这是对她的一种肯定和信任。

出于工作上的长远考虑，马辉没有选择办公室恋情。结果证明她的选择是明智的，虽然这样可能错过一些缘分，但这并不代表她在办公室外收获不到爱情。同时，她在事业上也得到了很好的发展。

《水煮三国》里曹操曾对曹丕的爱情这样说："办公室恋情比办公室政治更需要冷静的头脑！很多人都是因为男女关系问题，输得很惨。"曹操进一步正告儿子："不要因为一个女人毁了自己的职业生涯。"

既然办公室恋情有这么多弊端，那人们对办公室恋情还有所憧憬吗？为了工作、为了前途、为了名誉，在办公室恋情面前止步吧！

〉〉怎样规避身陷"办公室恋情"当中的错误

● 在办公的时候，不适合谈情说爱；在约会的时候，不应该涉及工作。遵守这个原则，相信你不会铸成大错。

● 注意自己的行为举止，不要让自己看上去很轻浮，令心怀不轨之人觉得有机可乘。办公室绝不是偷情的好场所。

● 女人是感情动物，在一起时间长了可能会动真感情，所以绝对不要和办公室里任何一位男同事走得太近。

● 不要与办公室中已婚人士发生恋情，因为那无异于玩火自焚。

轻易相信陌生人

——有时候熟人也不可轻信，何况一个陌生人

◎讨厌指数：★★★
◎有害度指数：★★★★★
◎规避指数：★★★★★

【特征】

1. 不思考，偏信他人。

2. 幻想天上掉馅饼，贪图便宜。

3. 上当，受骗。

4. 后悔。

　　一只狐狸不小心掉到了一口井里，由于井壁光滑，所以它试了很多次也没有办法爬上去。一只山羊从远处走了过来，它看到井里的狐狸，就问："狐狸大哥，井里有没有水啊？我口渴想找水喝呢！"

　　狐狸一想，这回有救了，于是就说："有，井里不但有水，而且这水太好喝了，比世界上所有的水都甜，我就是特意下来喝水的。"

　　山羊一听，就跳了下去。在井里，山羊喝了个饱，可它想出去时，才发现井壁很滑，根本出不去。山羊没办法，只好问狐狸："狐狸大哥，你有什么办法？"

　　狐狸想了想说："我有个好办法，可以让我们两个都出去。"

　　山羊急忙说："那你快说，什么办法？"

　　狐狸说："你用腿扒着井壁，把犄角放平，我从你的身上跳上去，等我上去后，再想办法把你也弄出去。"

　　山羊一听，没多想就同意了。狐狸爬出了井，一出去，头也不回地就走了。井里的山羊生气地喊："狐狸大哥，你别走，我还没有出去呀。"

　　狐狸回头说："你以为我会救你？你这只蠢羊！"

　　山羊这才明白上了狐狸的当。悔叹道："我怎么能相信这只狐狸的话呀。"

　　这个小寓言故事说明这样一个道理：不要轻易相信陌生人。

　　电视剧《不要和陌生人说话》播出后，曾一度引起人们的争议：究竟和陌生人说不说话？有人认为这太过于危言耸听，用不着把陌生人想得那么坏，人性大多数还是善良的。但是尽管相信人性的善，相信人与人之间的美好，可是，发生在人们身边的一件件恶性事件，却让人们目瞪口呆，不得不像那只困在井里的山羊一样，发出感慨：不能轻易相信陌生人。

　　一个青年大学生临近毕业，有一天他烦心的时候一个人来公园散心。当他走到一个水池旁边时，迎面走过来的一位老头拉住了他。

　　老头问："你是师院的学生吧？"

　　青年人说："我是，您有什么事？"

　　老头说："没事，只是想随便和你聊聊。"

　　出于对老人的尊敬，青年人停下脚步，耐心地听老人说话。老人说他是一位退休的老干部，现在闲着没事就做点建筑生意，说以后青年人毕业了想留本市他可以帮忙，还邀请大学生去他那里看看。

　　青年人立刻来了精神，仔细看那老头，长得确实挺有派头，他就有点相信那老头的话。于是，青年人跟老头去了一个建筑工地。老头说施

工时应该注意安全，就不让青年人进里面去仔细看。老头还对年轻人讲了很多人生的道理，这让青年人更确信老头是老板了。

过了几天，老头打电话给青年大学生，说要给他介绍工作。这是好事呀，青年人正为自己毕业后的去向犯愁呢，他当下就答应了，要见老人。可老人说今天没有时间，明天再说。

青年学生坐不住了，他决定立刻去找老头。路过昨天和老头碰面的公园时，他看见老头还在那水池旁，他有点怀疑地走了过去。老头看见他很吃惊，而且说话有点语无伦次。

老头又说先让青年人拿 500 元钱当介绍费。青年人立刻就明白了，他怀疑这老头是个骗子。他再细盘问老头一些细致的话，老头支支吾吾。于是，青年人更确定无疑——老头就是个骗子，他借口有事赶快离开了。不久，当地的晚报上就登出了老头骗人被识破的报道。

对于一个素未谋面的人，无论是老人，还是青年人，都不能轻易相信。社会复杂，走在大街上，形形色色的人让你无法看清楚他们的内心，而对他们所说的话，又怎能听而信之呢？尤其对于"从天上掉下来的馅饼"，更应该仔细思考，然后再决定行动。

千万别轻易相信陌生人的许诺，对异常"热心"的人更要提高警惕。俗语说得好，贪小便宜吃大亏，不要有侥幸心理，馅饼不会从天上掉下来，贪图小便宜的背后往往是陷阱。

周日休息的张女士走在街上，被两名陌生男子拦住。其中一位文质彬彬的年轻人主动介绍，说自己是上海来这里投资的商人，另一位男子是他的助手。俩人有急事要返沪，但是由于记错银行卡密码，因此无法取钱购买返程机票，他请求借李女士的手机给公司总部联系。

出于好心，李女士将手机递给了对方。年轻男子很快拨打了一个号码，几句对话之后，他让李女士听了电话。接电话的是位女子，她告诉李女士，公司立即通过银行将 4000 元现金转账到李的银行卡上。李女士开始还有些犹豫，但年轻男子一再哀求，并承诺说等钱取出来后，给她 500 元钱的好处费。李女士想，只借用一下卡号，就能轻易得到 500 元，真是不错，就答应了他们的要求。

李女士很快发现，对方声称已经汇出的现金并没有到账。男子说时间太晚，钱可能要第二天才能到账，问李女士能否借500元钱给他们住酒店，并一再保证自己明天就把钱归还。见李女士不愿意，年轻男子就从包里取出一部新款的手机，请求把手机抵押在李女士处，向她借一点住宿费。最终，李女士取出了500元交给对方，并约好第二天早上9点联系。

第二天，李女士始终没有接到对方的电话，仔细查看，发现对方留下的是一部逼真的模型手机。她再按照昨天的那个电话打过去，"总部"却无人接听。

李女士是被那500元钱所诱惑，才动心上当，没有得到500元反而失去了500元。在日常生活中，只有戒除贪念，才能冷静分析所谓的陌生人"求助"。在不明对方身份的情况下，一定要小心谨慎，不为花言巧语所动，并做出妥善处理。

李女士是典型的贪小便宜吃大亏的人。像她这样在路边或者街头，被骗去财物的人很多。所以，要警惕陌生人的花言巧语，无论骗子的言辞多么"甜蜜"，骗术多么"高明"，只要远离陌生人，就可以避免受骗上当。但是不和陌生人说话，这也不太现实，只是对陌生人所说的话，不要轻易相信就是了。

从古到今，相信陌生人的人，都不会有好的结果。

南北朝时期，有许、周兄弟二人，自称是南朝梁帝萧衍的管事黄门侍郎，前来投奔魏朝。东魏的一位官员接待了他们，问他们为什么来投魏，他们回答说，自己久居官场，厌倦了名利场中的污浊。他们本来不贪图名利，不屑于荣华富贵，不愿意出来做官，只想寄情山水，流连于自然之中，闲云野鹤，任情往来。为此曾多次上书辞官回乡，因而触怒了朝廷，被贬到一个偏远的小地方。二人越想越觉得郁闷，于是索性辞别梁朝来投奔魏朝。他们来到这里，也不打算为官，只想寄情山水，能满足自己归隐山林的愿望就成了。

兄弟二人自称为南朝显官，又自我吹嘘得这般潇洒出尘，俨然雅士名流。皇帝和朝中大臣们都信以为真，遂将他们兄弟二人视为上等的宾客，给以最好的待遇。

　　朝廷中主要负责管理与梁朝来往事宜的子恭，接待了许、周二兄弟，言谈中总觉得二人话语中有许多不实之处，再仔细考究他们申述的材料，觉得十分含混。子恭心中顿生疑虑，于是就对皇帝说："许、周二人自称是黄门侍郎，因贪恋山水，不愿为官，触怒梁帝而遭贬，经过我的访查，他们所说的并无实证。再看看他们的表奏，又很模糊，从中分析推理，疑点很多。"

　　皇帝不相信。

　　子恭就进一步再加以分析，说："今天通过这两个人的举动，他们一到此地就四处奔走，访求故旧新友，造访掌权理事之人，显然已经显露了其求取官职利禄的心迹，哪里还有什么逃官避禄、归隐山林的迹象呢？这俩人是萧衍有意派遣来此卧底的奸细还是真心来归降？是真是假，难以分辨，陛下应速速派人，秘密进行调查，一定要查实，这样才不会引起祸乱。"

　　皇帝见子恭奏报、剖析可疑之处合情合理，就立即派人去扬、徐二州进行察访。调查的人回来报告，果然有诈，原来二人在梁犯了罪，惧怕受罚，因而戴罪潜逃。到魏后为了立足，谋取官禄，便假称曾任黄门侍郎，又信口编造了逃官求隐之类的谎话。许、周二人的真面目终于暴露无遗，若不是子恭的调查，皇帝及满朝文武大臣都还蒙在鼓里。

　　如果许、周这样的人被委以重任，后果会是什么样子？有时候轻易相信陌生人，不但影响事业，甚至还会丢失性命。三国时期，刚当上皇帝的刘备就是因相信陌生人，而差一点让刺客行刺得逞，幸亏诸葛亮赶到，及时识破，才惊走刺客。那刺客很有礼貌也很健谈，称赞刘备，使刘备非常高兴，放松警惕，给了刺客行刺的机会。

　　等诸葛亮挑明刺客身份时，刘备才恍然大悟，暗自惊叹。刘备是被陌生人的好言好语给蒙骗了。由此，我们可以得出一个结论：相信陌生人，那就是一种冒险，陌生人背后掩藏着的是好是坏，谁也不知道。

　　陌生人处处存在，时时让人有不安全感。所以只有不轻易相信陌生人，才能防止上当受骗。凡事多长个心眼，尤其面对陌生人的时候，这样才可以避免遭受不必要的损失。

〉〉怎样规避轻易相信陌生人的错误

● 无论在什么场所、什么时间，都不要随便听信陌生人的话，不和陌生人办事。

● 对陌生人的话和行动，要认真考虑，不要为贪图小便宜而吃大亏。

● 不要轻易将自己的工作、家庭等方面的信息泄露给陌生人。

● 增强自我保护意识。

把个人情绪和感情生活带进事业和工作中

——把个人情绪和感情生活带进工作中，不仅会毁了你的形象，还会影响整个团队

◎讨厌指数：★★
◎有害度指数：★★★
◎规避指数：★★★★

【特征】

1. 将工作之外的消极情绪带进工作中，使性子摔脸子。

2. 受情绪左右得罪上司或同事。

3. 情侣同在一个公司时，处理问题带有感情色彩或完全有失公平。

4. 让恋人或朋友左右公司的管理和重大决策，影响公司团结。

　　职场管理学中经常会这样告诫大家：如果想在职场中表现得当，一定要学会控制情绪，不要把个人情绪带进事业和工作中。因为过于情绪化的反应不仅会破坏你自身的形象，还会影响团队形象和公司业绩。

　　小张家住北京市北郊，每天要乘城铁再换地铁赶往市里的公司去上班，很是辛苦。这天早晨，地铁里很拥挤，出了地铁后她才发现自己背

着的小坤包被小偷割了一道口子。虽然没丢什么东西，但坤包本身就价值不菲，况且还是男朋友特意从外地买给她的生日礼物。由于心爱的坤包被该死的小偷割破了，小张的情绪非常糟糕。她沉着脸来到办公室，刚坐下，就有一位同事前来索要资料。小张翻了半天也没找到，那位同事站在一旁眉飞色舞地和其他同事闲谈着，时不时地询问小张找到资料没有。小张终于忍不住了，她没好气地嚷道："催什么催，多等几分钟天会塌下来啊！"那位同事只好悻悻地走开，离开前瞪了小张一眼："莫名其妙！"

小张的心情我们完全可以理解。当一个人心情不好时，都希望能获得别人的体谅。但是千万不要忘了，这是在办公室，你是在工作！

现在上班族随时会遇到一些私人危机，如失恋、家人生病、夫妻关系不和睦等，这些都可能影响你的情绪，进而影响你工作的情绪。当我们遭遇危机时，很难不把沮丧、烦躁、郁闷等情绪带到工作中。你很希望别人能谅解你、同情你，甚至分担你的烦恼。但即使是朝夕相处的同事，也不知道究竟怎样关心你才恰到好处。他只知道要尊重别人的隐私，他会觉得过度的关心有时会让人反感。因为，一个人在承受痛苦时，通常需要疗伤的时间和空间，这个时候别人在一边唠唠叨叨可能会让人更加心烦。

事实上，同事关系只是一个职业的组合，彼此之间的义务通常只限于每天愉快地共事。你只有除去不恰当的期望，才能避免情绪上的失落。在办公室里，应坚持公事公办的原则。公司没有义务为你个人的问题付出代价，你必须学会为自己的事情负责，把办公室里的每个人都当成你的朋友，对你个人感情生活遭遇的困难可能毫无帮助。主管和同僚或许可以容忍你短时间内工作效率不高，但时间一久，同情淡了，现实归现实，该做的工作你还是得做。你必须认清，无论如何，在办公室确保工作的顺利进行比什么都重要。

情绪是人对外界的一种正常心理反应，有消极和积极之分。把积极的情绪带到公司，便可让大家分享你的快乐，但是如果把消极的情绪带到工作中，就会在工作处理上出现误差，也会让同事慢慢疏远你。

　　某公司一名技术人员因为头天工作至凌晨，第二天迟到了，影响了整个工程的进展。那天正好那名技术员的主管领导情绪很糟糕，于是不由分说，狠狠批评了那位员工。结果没多久，那名在公司算得上是栋梁之材的技术员就跳槽了。

　　这件事就是因为那位主管领导当时没能控制好自己的情绪，没有和技术员及时深入地沟通，结果给公司造成了人员的损失。

　　办公室是上班的地方，无论是你的上司还是同事，大家都承受着不同的工作压力，或许他们正被一些琐碎的工作搞得昏头涨脑。在这种情况下，你若是将情绪带进办公室，只能让你的上司或同事更加烦躁，他们只会这样看你：这个人怎么连自己的这点小事都处理不好，他还能办什么大事！公私不分，没有敬业精神，不可靠！

　　将情绪带进办公室，就好比给自己戴上了有色眼镜。情绪不好的时候看什么都不好，都会挑出毛病；情绪好的时候，工作起来就会很放松，还可以感染下属，让其快乐地工作。

　　记住，即使深陷苦海，也不要在办公室发泄太多的私人情绪。一般的上司不会去过多地关心下属的情绪，他只要效率。你应该学会控制情绪，而不是被情绪控制，找出相应的对策，尽快让自己的感情生活走出这段危机。

　　处于恋爱阶段的人在公司有张扬的表现还多少可以理解，毕竟是处在热恋中，可如果是结了婚的夫妻，就应该收敛和冷静一些了。

　　赵宁和妻子张宇刚认识时，张宇已经在一家不错的大公司当部门经理了。两人结婚后，因为赵宁原来的单位效益不好，所以有一次张宇公司招人的时候，赵宁就应聘进了这家公司，并正好被安排到了张宇这个部门。

　　有一天，两人在家里因为别的事吵了架。第二天上班时，两人都还未消气，在办公室，张宇在批评赵宁工作上的错误时，赵宁跟她顶了几句。张宇也顾不上面子，跟他大吵了起来，经过办公室员工的劝解，才算了事。这事传到了老总那里，老总就找张宇谈话，她主动向老总认了错，并提出把老公调到另一个部门。

　　共事夫妻一定要做到公私分明才行，千万不能像张宇和赵宁那样把

个人感情生活掺杂到工作中去。家里吵架的情绪不能带到工作中，尤其不要因为夫妻间的亲密就不顾原则。如果一方是另一方的上司，在公司里也应该像其他员工那样尊重对方。在工作时间里，要尽量淡化俩人的夫妻关系，这样才会对彼此的工作发展有好处。

一个员工把个人情绪和感情生活带进工作中，受损失的人只有他自己，而一个老板如果那样的话，受损失的可能就是整个公司了。把个人情绪和感情生活带进工作中来，会令你的同事和下属难堪，大家的注意力会从工作转到你身上来，影响集体业绩和个人前途。

刚过而立之年的杨锐通过多年的打拼成立了自己的公司。刚开始，人手不够，为了省钱，他把在另一家公司上班的老婆拉进了自己的公司帮忙。两人齐心合力，事业慢慢做大了。后来，公司逐渐壮大了，人手也增多了，杨锐索性让老婆在公司当起了经理，公司的大小事基本都交给她管。他觉得有自己人在公司看着放心，这样他就可以安心地在外面见见客户什么的了。

可杨锐的老婆是学财会的，对管理这一块可以说是一窍不通。而且她的性格有点褊狭，容不得人。所以她管理公司的员工完全是凭个人好恶。有一次，一个新来的员工没有像别的老员工那样叫她"姐"，她嘴上没说什么，心里却很不高兴，经常在他工作上犯了错误的时候狠狠批评他。员工们开始人人自危，生怕哪天不小心得罪了她。虽然大家背地里有了微词，但表面上又不得不对她展露笑颜，渐渐地疲于应付，工作都没了什么激情和冲劲。公司的情况越来越不理想，而杨锐却经常只听老婆的一面之词，不与员工沟通，以为是员工偷懒、没能力，就经常根据他老婆说的开除那些"不听话"的人，结果留下的都是些没什么能力只会拍马屁的人。不到一年，杨锐的公司就因为撑不下去而破产了。

公私不分是管理的大忌，杨锐用自己的老婆做管理人员，很容易把公私混淆，毕竟人都是有私心的。

不要把公事以外的个人情绪带进工作中。这一方面保证了工作的正常进行，另一方面，别人和我们一样每天都在"忙碌着"、"烦恼着"，也想寻求轻松和快乐，所以，从为别人着想的角度出发，我们还是应该少

把个人情绪加给别人。总之，正常的工作中如果被加进去很多感情色彩，就很容易变质。也许你现在还没有上述几种情况出现，但也希望你能引以为戒。

〉〉怎样规避把个人情绪和感情生活带进事业和工作中的错误

● 不可将私人情绪带到工作环境里，要学习管理自己的情绪，控制自己的感情。抱持理性的态度对待感情。

● 把工作和情感切割开来。情感上可能有好恶，但遇到分内职责一定要公事公办，如此才能避免感情成为职业生涯发展上的负面因素。

● 在公司中不能与恋人或爱人有过分亲昵的举动，这样会让同事难堪，让领导怀疑你们工作不够用心。

● 如果你和你的恋人在同一单位工作，那么在公司中应尽量避免太密切的合作。如果你们工作上过于密切，你又对你的情侣投以赞赏的眼光，同事就会觉得你有私心，你们的关系使你失去了"专业的眼光"，这样的话流言必然会四处而起。如果你避免不了评估情侣的工作，正确的做法是，对他（她）不要过于宽待，但也不要矫枉过正。

露 富

——露富的背后隐藏着无数的危险

◎讨厌指数：★★
◎有害度指数：★★★★★
◎规避指数：★★★

【特征】

1. 爱慕虚荣，大肆宣扬自己的富有，唯恐别人小瞧自己，不知道自己有钱。
2. 处处附庸风雅，摆阔气，吃穿住都要讲排场。
3. 攀比心强。

　　在对待财富的问题上，不同的人总是有着不同的看法。有人说包子有肉不在褶上，就是不赞成露富；但有人却认为包子有肉就应该在褶上，这一类的人主张露富。还有心理学家说：世人往往都有一种露富的欲望。历史和现实之中，露富的大有人在，而这样做的结果好还是不好呢？
　　先看一篇这样报道。
　　王德建是浙江省温州市苍南县人，经营着一家包装公司。一天，他

从浙江赶到邛崃，准备到一家酒厂收取未结的 10 多万元货款。王德建到邛崃后，先到了朋友曾小华的家中。在曾小华住处，王德建认识了在崇州做酒类生意的张千军。酒桌上，为了显示自己的阔气，王德建向张千军提及到邛崃是来收 10 多万元货款的。

酒席散后，张千军立即打电话回崇州。当晚 10 时许，崇州人鲜飞、吴永强住进了邛崃市一宾馆，房间就选在了王德建的隔壁。第二天中午，张千军将王德建约了出来，两人开着车在邛崃市的大街小巷转了一圈，汽车停在了邛崃市文昌街。张千军以方便为由，先离车而去，留下王德建一人。

张千军下车不到一分钟，两名持刀的歹徒就扑进了车厢。一把雪亮的匕首架在了王德建的脖子上。两名歹徒正是吴永强和鲜飞。两人用黑布和封口胶遮住王德建的眼睛和嘴巴，并用绳索将其捆绑结实。他们从其身上搜出 2000 余元的现金、一只雷达手表、一部三星手机及一张工商银行卡。在两人威胁下，王德建说出了银行卡密码。

王德建被控制在崇州天庆街附近的房间内。劫匪让他给家里打电话，要他们汇 100 万元过来赎人。王德建宁死不从，便被用绳索勒死在床上。尸体被从 10 多米高的都江堰老岷江桥上扔入江中。

王德建死在了露富上。见财起歹心的绑匪固然可恨，但是，王德建本身也有责任。俗语说得好："说者无意，听者有心。"你这一露，就给自己带来了隐患，弄不好还会丢了性命。生活中，因为露富引来绑架甚至杀身之祸的例子数不胜数。

2005 年 6 月 18 日凌晨，吉林省汪清县拥有千万家资、号称汪清首富的恒信建筑安装有限责任公司项目部经理蔡宽锡及其妻子、22 岁的儿子、16 岁的女儿在家中遇害身亡。经过警方的侦破，得出结论：是小偷得知蔡家在平时生活中显露出的富裕，入室行窃所致。

尽管这样的恶性事件不断，但是，有些人还是不怕露富，不仅不怕，反而喜欢斗富夸富，唯恐别人不知道自己有钱：开名车、住豪宅、吃黄金宴、巨款豪赌……处处炫耀自己富有的资本。

"露"的背后隐藏着无数的危险，正所谓"人怕出名猪怕壮"。一味

地张扬自己的富有，只会给自己带来数不清的麻烦，甚至惹来杀身之祸。

露富无论是对人的生命还是对工作都是不利的。古往今来，都是如此。石崇斗富的故事，就足以说明这个问题。

晋武帝司马炎一统天下后，以他为代表的朝廷贵族官僚开始奢侈腐化，政治日趋败损。当时后军将军王恺是国舅，石崇只是一个卫尉，地位、权势与王恺无法同日而语。但石崇是全国第一大富豪，他一到洛阳就向两个外戚羊琇、王恺叫板，公开和他们比富。

羊琇为人淡泊，不愿参赛，自动出局，只有那王恺不服，从此石崇和王恺之间的比赛成了洛阳老百姓茶余饭后的谈资。

王恺家里刷锅一直都用糖水，石崇听说了以后就让家里人把蜡烛当柴烧。于是，老百姓都说石崇家阔气。王恺不甘示弱，就在他家门前的大路两旁，夹道四十里，用紫丝编成了屏障。谁要到王恺家都必须经过这四十里的紫丝屏障。这个奢华的装饰轰动了洛阳城。

可是，没过几天，石府的屏风就摆出来了，是锦缎做的，摆了五十里。相比之下，王恺家的紫丝屏障成了"竹篱笆"。王恺气极了，他让人买了很多波斯香料，把自家的房屋从上到下从里到外粉刷得香气袭人，在几十里远都能闻到。接着石崇又出"大手笔"，他不知道从什么地方弄来了很多海外进口的赤石脂来刷房子，到了晚上石崇府第发出灿烂的光华，照亮了半个洛阳城。

王恺没辙了，只好求助于外甥晋武帝。晋武帝对舅舅的比赛也很感兴趣，就把宫里收藏的一株两尺多高的珊瑚树赐给王恺。那时候珊瑚主要产于南海，还很难得，属珍稀之物。有了皇帝的帮忙，王恺比阔气的劲头更大了。他特地请石崇和一批官员上自家吃饭。宴席上，王恺得意地对大家说："我家有一株罕见的珊瑚树，请大家观赏一番怎么样？"大家当然都想看一看。王恺命令侍女把珊瑚树捧了出来。那株两尺高的珊瑚树长得枝条匀称，色泽粉红鲜艳，大家看了都赞不绝口，说真是一件罕见的宝贝。只有石崇在旁边一言不发，顺手摸出把铁如意对着珊瑚树乒乒乓乓地一阵乱敲，刹那间把这个价值连城的宝物砸成了个秃桩儿。众人都大惊失色，石崇莞尔一笑，对着王恺摇摇头说："这小玩意儿没多

大意思，一会我送你几个。"

石崇就叫随从回家把自己收藏的珊瑚树都搬过来。竟有好几十株，最大的有四尺高，次等的也有三尺，在座的人全惊呆了。石崇对王恺说："这些珊瑚树，您就随便挑几个作为赔偿吧。"于是，他令手下把他家的珊瑚树都抬出来，让王恺随意挑选。王恺目瞪口呆地看着这些树，其中三四尺高的就有六七棵，与王恺那棵差不多高的更是不计其数。王恺怅然若失，只得认输了。

古语说：处富贵者，正当抑奢侈。诚然，谁有胭脂都爱往脸上搽。富贵养眼，满足人们的虚荣心，但是也招灾祸。石崇的斗富满足了一时的虚荣，但是，他岂知这为他日后埋下了祸根。

后来石崇买了一个名叫绿珠的妓女，石崇很是娇宠。相国司马伦的亲信孙秀早就对绿珠垂涎，就向石崇讨要绿珠，石崇不给。孙秀岂能甘心，他为了报复，就向司马伦暗示石崇有大笔钱财，劝说司马伦诛杀石崇。石崇得到消息，就和外甥等人用大笔钱财贿赂淮南王和齐王，兴兵讨伐司马伦和孙秀。但是却事先走漏了风声，被司马伦抢先一步，假借晋惠帝司马衷之名，下令将石崇等人逮捕。

当囚车把石崇拉到刑场时，他悲哀地叹道："这些小人是贪图我的财产。"

行刑的人对他说："知道钱财是祸根，你平时还那么显露做什么？"

石崇无言以对，全家十五口都被砍了头。

荣华富贵是人们追求的目标。相同的是人们都曾经为此付出艰辛和不懈的努力，不同的是对富贵的态度和理解。爱露富的人对富贵的理解有偏差，他们认为富贵了就可以为所欲为，享受和炫耀。其实他们不知道，这样是对自己生命和事业的一种践踏。

石崇因露富而丢了性命，而明朝初年江苏昆山的富豪沈万三秀，却因露富而丢了官。

沈万三秀原名沈富，在家中排行老三，因此被人叫作沈三秀，他为了显示自己的众多财富，表明他拥有万贯家财，就在名字中加了一个万字，变成了沈万三秀。

沈万三秀拼命地向官府输银纳粮，讨好朱元璋。于是，朱元璋就给了他一个官，让他负责从洪武门到西门一段的长城，占金陵城墙总长的三分之一。于是，沈万三秀为了买功，他提出由他出钱犒劳士兵。他原本是想讨好朱元璋，没想到却弄巧成拙。朱元璋听后，大为恼火，说："我有百万大军，你能犒劳过来吗？"

沈万三秀听出了朱元璋的弦外之音，但认为自己有雄厚的实力，仍然说："即使如此，我依然可以犒劳每一位将士银子一两。"

沈万三秀想代天子犒赏三军，仗着富有将手伸向军队，使朱元璋十分生气，他决定治治沈万三秀。于是，朱元璋给沈万三秀一文钱，说："这一文钱是朕的本钱，你给我去放债。只以一个月作为期限，第二天起至第三十天止，每天取一对合。"

所谓对合，是指利息与本钱相等。就是说，朱元璋要求每天利息为百分之百，而且是利滚利。

沈万三秀虽然有财，但却智慧不足。他想这又有何难，于是，爽快地答应下来。

可是，他回到家里后，仔细一算，傻眼了。一天是一文，第二天是二文，第三天是四文，第四天是八文，到第十天本利总共也不过五百一十二文，可是第二十天就变成了五十二万四千二百八十八文，而到第三十天，总数竟达五亿多文。要交出五亿多文钱，到时候，他沈万三秀只好倾家荡产了。

沈万三秀没有完成朱元璋交给他的这个任务，被朱元璋借故流放到云南边境，其庞大的家产也全部被没收。

沈万三秀败在了露富之上。国家不如一人富，这还了得？朱元璋一个小小的计谋，就让他彻底失败。沈万三秀的人生败局败在他缺乏应有的知识和修养，只知道自己拥有财富，不分场合地点，一味显露。他没有想到露后的结果，这样的富翁在心灵和智商方面是贫乏的。

历史和现实的生活当中，因露富而失败的大有人在。因为"露"总是有危险的，"露"是做人的禁忌。这就说到了为人处事的一个方法：无论是才还是财，太外露必然会导致悲惨的结果。藏与露，一定要把握好

分寸。历史上杨修爱露才，被曹操杀了；苏东坡也爱露才，被皇帝贬了。

所以说，无论是什么事物，露要适中。应该说露与藏是一门艺术。

〉〉怎样规避露富的错误

● 在金钱、财富面前，要有一颗朴素的心，时刻提醒自己不要被富有冲昏头脑。

● 把财富用在正处，不要在吃喝玩乐上肆意挥霍，更不能在这些奢侈场合过于招摇。

● 戒除自己的虚荣心。一个人所拥有的财富不见得就只是金钱。

因生活琐事同人发生剧烈冲突而造成严重的后果

—— 琐事虽小，但如果处理不当会令你遗恨终生

◎讨厌指数：★★★
◎有害度指数：★★★★★
◎规避指数：★★★

【特征】

1. 心胸狭窄，性格暴躁沾火就着，斤斤计较，缺乏耐性，因小而失大。
2. 固执，在小事上爱钻牛角尖，不肯吃一点亏。
3. 认知水平低下，得理不饶人，无理辩三分。缺乏理智，常冲动行事。

　　人这一生，都是由各种各样的生活琐事组成。这些微小的事情，充斥人们的每一天。不要小瞧这些生活中看似不起眼的琐事，它里头其实隐含着许多道理，也说明许多问题。

　　明朝洪武年间，全国闹灾荒，百姓生活很艰苦。而一些达官贵人却仍然花天酒地。朱元璋决定自上而下整治一番挥霍浪费的吃喝风，只是一时难于找到合适的时机。他冥思苦想，终于想出了一个好办法。

皇后生日那天，满朝文武官员都来祝贺，宫廷里摆了十多桌酒席。朱元璋吩咐宫女们上菜。首先端上来的是一碗萝卜，朱元璋说道："民间有句俗话是'萝卜进了城，药铺关了门'，愿众爱卿吃了这碗菜后，百姓都说'官府进了城，坏事出了门'。来，大家快吃。"朱元璋带头先吃，其他官员不得不吃。

宫女们端上来的第二道菜是韭菜。朱元璋说："小小韭菜青又青，长治久安得民心。"说完朱元璋又带头夹韭菜吃。其余官员也跟着夹韭菜吃。接着，宫女们又端上来两碗别的青菜。朱元璋指着它们说："两碗青菜一样香，两袖清风好臣相。吃朝廷的俸禄，要为百姓办事。应该像这两碗青菜一样清清白白。"吃法与上次一样，皇帝先吃，众官仿效，风卷残云。

吃完后，宫女们又端上一碗葱花豆腐汤。朱元璋又说："小葱豆腐青又白，公正廉明如日月，寅是寅来卯是卯，吾朝江山保得牢。"朱元璋动筷后，众官员也就跟着吃了。吃完后众官员以为下面可能就是山珍海味了，谁知等了好久，宫女们就是不端菜来了。朱元璋见大家情绪有点紧张，于是当众宣布："今后请客，最多只能'四菜一汤'，皇后的寿筵就是榜样，谁若违反，定严惩不贷。"接着宣布散宴。

自那次宴会后，文武众官再举办宴会时无一敢违例，廉俭之风由此盛行一时。朱元璋就是通过生活中的这些琐事，来达到自己的目的。可见生活琐事是何等的重要。

正所谓：最高深的学问表之于最通俗的语言，最大的事情来自于小事，生活中的琐事反映大问题。但是，它也常常被人们所忽略，一些人常因生活琐事发生剧烈冲突，造成不必要的麻烦。

北京某大学一名女学生，因和同寝室的同学在洗澡时发生口角，结果一怒之下，把同学打倒在地，致使对方脑出血而死。人们在为女生惋惜的同时，不禁感叹道：因为洗澡这点小事而毁了前程，多么不值得！

很多人与同事因小事而发生矛盾，争吵辩论，非弄个是非曲直不可。有的甚至从动口发展到动手，大打出手，搞得两败俱伤。更有甚者，为了一件鸡毛蒜皮的小事，而丢了性命。

一天上午，在河源市区大桥路汽车总站出口处，从事摩托车搭客生意的男子刘某与另一名摩的司机李某同在候客时，因刘某摩托车不小心擦到李某的脚，双方由此引发口角，并动手打起架来。打斗过程中，李某倒地时磕到了脑袋，被群众送到医院抢救。第二天下午，李某因颅内微细血管出血经抢救无效死亡。

仅仅是因为摩托车擦了一下脚这点琐事，到最后却造成两个家庭的破败，实在是令人惋惜。若是当时两人能谦让一点，客气一些，或许一句"对不起"就能解决问题，又何至于此呢？

宁波一名汽车司机钟某，被警方依法刑事拘留，起因也是琐事。

一天，钟某驾驶一辆货车从镇海到一市场进货。由于市场周围找不到停车的地方，他就想把汽车停放到一个出入的道口边上。市场的一名管理员看到后马上告诉他这里不能停车，两人因此发生了争执。后来钟某用力推了管理员一下，管理员仰面朝天地倒在了地上，马上失去知觉、昏迷不醒，鲜血也从他的后脑勺流了出来。后经医生诊断，他的颅骨严重受伤，需要进行开颅手术。钟某的妻子正怀孕，想到妻子和即将出生的孩子，再想到重伤后生命垂危的管理员，钟某不由得流下了悔恨的眼泪。

像上面两个因生活琐事而引发激烈冲突的事例举不胜举。近来有法律专家将这一类案件归类为"激情犯罪"。激情犯罪案中的犯罪嫌疑人、被告人通常是在情绪极度不稳定的状况下，不约而同地采用了极端的解决方式，即以暴力发泄致使恶性事件的发生。这类案件的犯罪嫌疑人、被告人都不是愤恨长期积压心中而导致的预谋犯罪或穷凶极恶的惯犯、累犯，而是因一时冲动造成严重后果的普通人。细数生活中的此类案件，数量之众、情节之匪夷所思、造成后果之严重令人震惊。有关统计显示，在我国，激情犯罪案件已经占到一般刑事案件的三分之一，而且近年来有愈演愈烈的趋势。这不能不引起我们的深思和警醒。

纵观犯下这类错误的当事人，会发现他们都有着相似的特点：他们心胸狭窄、斤斤计较，认知水平低下，稍有不如意便勃然大怒，或痛不欲生、悲观绝望。此时，强烈的感情体验支配着人的行为，理智和意志失去了监督作用，往往会做出没有理智、肆无忌惮、不顾后果的犯罪行为。从激情爆发到违法犯罪行为的发生，仅是一步之差，表现出盲目性、冲动性、

无预谋性和疯狂性等行为特点，给社会造成恶劣的影响。

在我国，激情犯罪多是由人际纠纷的小事件引起的。有些人由于平时性格就比较孤僻、内向，承受能力差，很难融入现在快节奏的激烈竞争中，他们遇到挫折后极易走向极端，最终导致犯罪，而且大多为激情犯罪。他们甚至没有什么作案动机，只是在某一时刻想不开或者是瞬间不计后果。犯罪主体长期累积的生活挫败感，很容易造成心灵脆弱和极端自卑。而这种极端自卑表现在人的行为方式里，则是极端自尊。这自尊是以自我为中心，很容易受到伤害。一旦冲突发生，长期积累的不愉快经历便有可能迸发出来。

哲人说：世界上的一切关系，都是相对而存在，相容而稳定，相和而共鸣。

何谓相对？就是说人有时候会表现出一些善意，表现出自己的一些优点，但亦经常表现出自己的一些缺点，诸如贪婪、庸俗、丑恶。往往是过多强调自己的利益、感受，所以不能去顾及他人的内心想法和感觉，这就容易发生冲突，造成不可挽回的恶果。生活琐事造成的冲突就是如此。

人有七情六欲，并且都会有情绪不好的时候，这就需要我们多加克制，对生活中的琐事不要过分计较。要学会用心经营自己、掌控自我情绪。孔子曾说过这样一句话："己所不欲，勿施于人。"其本意就是推己及人，设身处地，遇事多从别人的角度去想，那样才会得到圆满的结果。

有一天，丘吉尔应邀到广播电台去发表重要演讲，他招来一部计程车，对司机说："送我到BBC广播电台。"

"抱歉，我没空。"司机说，"我正要赶回家收听丘吉尔的演说。"

丘吉尔听了很高兴，马上掏出来一英镑钞票给司机。

司机也很高兴，叫道："上来吧，去他的丘吉尔！"

丘吉尔大笑起来，说："对，去他的丘吉尔！"

这样一件普通的生活琐事，使我们看到丘吉尔对人性的了解。他没有因为司机的恶言而生气，他能站在对方的位置来理解对方的观点，这时他已完成了自我消失，成为一个努力使别人愉快的人。

心理学家说："任何大的错误的发生，都是从小的冲突开始，都有可能会造成更大的失误！要防止大错误，就要从细微的小事开始。"要见小

而知大，见微知著。

在婚姻家庭中，因生活琐事同人发生激烈冲突而造成严重后果的事例很多。

王大海与李晓丽夫妇平时就经常因为生活琐事而拌嘴。在李晓丽怀孕半年后的一天，夫妻两人再次因为家庭开销的问题发生口角，并厮打在一起。一怒之下，王大海用手猛掐李晓丽的脖子，当他松手时，李晓丽因窒息而死。

王大海在法庭上辩解说："我不想杀她，当时就想吓唬吓唬她，没想到会这样。"

生活中，不吵架的夫妻实属罕见。一句话、一个动作，乃至一个眼色都可能导致一场冲突。夫妻间发生冲突并不可怕，问题在于如何尽快化解冲突。凡事要看开点，尤其是那些生活琐事。天下没有解不开的疙瘩，人生短暂，精力有限，不要为那些乱七八糟不起眼的生活琐事消耗了大部分的精力。否则，一时冲动干出蠢事来，到时候后悔已晚。

农民刘从新和梅元兰是夫妻。一天，梅元兰听刘从新讲，同村缪某说她偷了缪的小椅子，她十分生气，当即就要找缪问明情况，但被丈夫阻止，二人为此发生争吵。争吵中，刘从新赌气从房中拿出一包老鼠药扔在她的面前说："我的命就交到你手里，你要我死我就死。"

当天晚上，刘从新去地里干活，梅元兰在家做饭。她想起丈夫的话非常生气，便真的将老鼠药撒在饭中，刘从新吃后死亡。梅元兰被判无期徒刑，后悔不已。

这是多么可悲啊！如果双方都能忍让一点、理智一点，一件生活琐事又怎会导致一场人生悲剧呢？

这不禁让人想起古希腊哲学家苏格拉底，他的妻子是当地有名的悍妇，经常对他大喊大骂。一次，她对苏格拉底大发雷霆之后又当头泼了他一盆冷水。在场的人都认为苏格拉底要发作了。但是，苏格拉底竟然幽默地说："雷过之后都免不了一场大雨。"一场一触即发的冲突就被一句幽默话给轻松化解了。

生活中有很多家庭男女，他们不应该向苏格拉底学习吗？纵观上述的例子，起因都是些鸡毛蒜皮的琐事，而这些琐事就像导火索一样会引起熊熊大火，烧毁家庭和自身。所以说，琐事不容忽视。

我们的社会正处于转型期，正受到多元化价值观念的冲击。在这样一个大环境下，人很容易变得浮躁和抑郁。现在，越来越多的人感到生活的疲惫和心灵的孤独，很大程度就是缺乏与外界的有效交流所致。另外，从人与社会的关系来看，个体在社会刺激下形成了许多不恰当的需要结构。如过于看重金钱，过于关注自己的精神需求。有时候，这些需求看起来简直迫不及待，但社会对他们却不能一一满足。当现实和理想的差距残酷地摆在人们眼前时，他们心中的失望是可以想象的，于是他们就很容易对社会产生怨恨心理和仇视心态。如此失衡的心态，就像一个潜在的火药库，极易在瞬间点燃。激情燃烧时，个体生命与整个社会的安全就成为殉葬品。

综上所述，我们可得出这样一个结论：千万别忽视了对生活琐事的处理。如何处理生活琐事反映出人的品质，是一种生活态度，也是为人处世的一种方式。如果处理得不好，导致发生剧烈冲突而造成令自己不愿意相信的后果，那时只会追悔莫及！

〉〉怎样规避因生活琐事同人发生剧烈冲突而造成严重后果的错误

● 每当与身边的人因琐事发生冲突时，要有理智，让问题得到正确处理。"让一让风平浪静，退一步海阔天空。"平时注意修身养性、塑造完整的人格。

● 增强法律意识。一旦出现了冲突，首先要力求不吵起来，更不要不假思索地使冲突升级，多检讨一下自己先前的行为。

● 生活当中要有幽默感。会幽默的人，一定懂得如何化解琐事带来的冲突，创造出"柳暗花明又一村"的效果。

● 如果是自己错了，就应该坦然承认，这时候的一句"对不起，我错了"胜似灵丹妙药，能将大事化小，小事化了。

把陷阱、骗局当机遇

——成功与平庸的根本差别并不是天赋，而是能否识别真假机遇，并善于把握

◎讨厌指数：★★★
◎有害度指数：★★★★
◎规避指数：★★★

【特征】

1. 急功近利，幻想能一夜暴富，结果被天上掉下来的"馅饼"砸进"陷阱"里。

2. 盲目相信陌生人的花言巧语，缺乏敏锐的识别能力。

3. 轻信虚假信息，被"即将到手"的利益冲昏头脑，被一些表面现象所蒙蔽。

　　每个人都知道机遇的重要性。有人把成功之路比喻为一架"梯子"，"实力"是梯子上一根根横木，"机遇"便是两根竖木。没有两根竖木做支撑，再多的横木也是一堆散在地上的"劈柴"而已。人们从许多成功者身上，都能发现他们把握机遇的能力有多么强，而那些失败者在机遇面前总会

表现出盲目和急躁，无论好与坏统统都抓。殊不知，这样盲目的举动会带来很多的弊病，有时也会让人因急于求成而错把陷阱、骗局当机遇，因此吃亏上当。

先让我们来看看下面的一组例子。

这天，有人拨通了李先生家的电话，称在"某集团"举办的全国范围内抽奖活动中，他的住宅电话号码有幸被抽为二等奖，奖品为日本产的小轿车一辆，原价为 58000 元，请本人与上海领奖办公室尽快联系，并及时办理领奖手续。

这可真是天上掉下一张大馅饼啊！李先生喜不自禁，马上按对方告知的号码打过去电话，并按要求先把 2000 元钱的运费存到了一个账户上。一个多月的时间过去了，李先生没有等到领奖的消息，那梦想中的小轿车也无影无踪了。这时他才如梦初醒，知道上当了，花了电话费不说，还白白赔进去 2000 元钱。

生活当中这样的事情很多。针对这类骗局，有关人员告诉人们：这样的骗术，第一步都是电话或短信告知你已中奖，并且还是一个很有诱惑力的奖品，诱使人上钩；第二步当人按照联系电话号码与"领奖办公室"联系时，对方就会告诉你需要付各种费用了，并要求在指定的时间内打到指定的银行账户号上。这一切都是行骗者精心设计好了的，乍一看，都在情理之中，但稍微冷静分析一下，便会发现这其中漏洞百出，也就不会轻易上当了。

有一位商人，某天突然接到一个电话，对方是一个青年女子，称自己姓李，是某边境城市进出口公司的。她先发了一份传真给商人，说要订一批货销往日本，让他的公司寄一些样品过来。

第二天，商人就给李女士寄去一份样品。过了几天，对方又打来电话，仍是这个姓李的女子，说样品已经收到了，让报价给她。商人就按照对方的要求，报了价格给李小姐。很快，她又再次与商人取得了联系，说要订购 60 多套的产品，这就是 40 万左右。这么大的一笔买卖啊！商人为这次发财的机会兴奋不已。他再次与李女士取得联系，希望对方能来他的工厂考察一下。但是对方邀请商人过去签合同，说因有日本客户在而不能去他那里，还说如果谈得好今后要与他长期合作。

当时正好快到元旦了，李女士急着让商人在元旦之前过去。商人如约来到李女士所在的公司，在李女士的引导下对公司进行了一番考察，一切都很正规，看上去是家很有实力的贸易公司。签过合同，商人回去后很快就发货了。结果，三个月过去了，他左等右等也没有等来对方的回款，再打那家公司的电话也不再有人接听，那个热情干练的李女士也好像从人间蒸发了。

专家告诫说，天上不会掉馅饼，不要太轻易相信那些来路不明的所谓大公司的各种承诺。如果能在短期之内接到大订单，一定要三思而后行。

东北黑龙江绥化地区一户农民，在电视上看到一则广告：吉林省某科技开发有限公司长期出售无炸药型鞭炮生产机。买1台这样的机器后，经短期培训便可在家生产鞭炮，能快速致富。

于是，农民就拿着从信用社贷来的2万元赶到吉林这家所谓的公司。在一栋楼房内，他看了该公司的工商执照和税务登记证，对方也给他演示了生产全过程。一切看上去都很理想，农民非常满意，就跟该公司签了合同。按约定，他交2万元，对方包他学会生产无炸药型鞭炮的全部技术，并提供1台生产机器和部分技术材料，如果机器和材料未按时发给他，造成的一切损失由该公司法人代表承担。

带着盖有该公司公章的合同，农民高兴地回了老家。过了一段时间，设备寄来了。他打开一看，顿时傻了眼：发来的货只有一台机器，合同上写明的其他技术材料却不见踪影。没有配套材料，寄来的机器如同一堆废铁。他当即打电话过去，对方说一定会补寄，让他再等一段时间。谁知等来等去，始终不见货来。他再次致电那家公司，结果电话无人接听，再后来，电话都停了机。此时，农民才明白自己跌进了致富的陷阱。

类似的事例，相信您已经不会觉得有什么新鲜了。日常我们耳闻目睹或是亲身经历的骗局可谓是五花八门。刚开始很多人都以为那是一个发财的好机会，到最后才发现是一个陷阱，白白损失了精力和钱财。为了向成功迈进，为了今后有大的发展，要及时地抓住机遇，这本身并没有错。但问题的关键是一定要分清摆在面前的是机遇还是陷阱。在每一

个所谓的机遇面前，要冷静思考，要学会识别好坏与真假，这样才能避免上当受骗。

其实任何一个骗局都有漏洞，你只要仔细研究，就会发现整个事情当中，总有一些你控制不了的因素存在，而且都是关键环节，一出问题就会致命。这正是别人精心策划的！然而上当受骗的人被虚幻的美好结果所诱惑，而将其中的风险忽略了。

甲、乙两个刚毕业的大学生在网络上看到一家公司正在招聘员工，对方优厚的待遇很是吸引人，两人便去面试。最后，那家公司要他们交上 1000 元的保险金后才能签订合同。甲学生想，世界上哪有这么便宜的事啊，随便的面试，然后就可以定下临时的合同，信他就有鬼了。甲越想越觉得不对劲儿，就找同学和家人商量。大家经过认真分析后一致认为这里面有诈，甲没有交钱也再没有理睬那家公司。

而乙学生找工作心切，就如数地交了 1000 元，结果也是等来等去，没有消息，再去找时，人去楼空，那家公司已不知搬哪里去了。

每个年轻人都希望自己能快点抓住一些机遇，好立刻投入到工作当中，发挥自己的才智，施展自己的抱负，用自己的智慧换得报酬。但一定要注意，别因自己心情过于急切，而失去判断力，跌入求职的陷阱。

网上求职比起传统的"赶会"递自荐书，不仅查询方便、信息量大、选择面广、不受时间、地点的限制，而且还可节省一大笔印制自荐书的费用，同时也免去了奔波之苦。但是网上也存在着诸多陷阱，比如虚假信息、垃圾信息等，令求职者难以识别。由于网络的安全性还无法控制，个人或企业在网络上输入的信息有可能被他人窃取、利用，造成名誉、经济上的损失。因而，在网上求职首先要选择正规的网站，因为在正规的网站比如说北京人才网发布信息时，招聘单位需要出示相关的营业执照等，信息来源比较可靠。虽然大学生就业心情迫切，但是也不能一见到招聘信息就试，还是要先尽量和单位沟通。毕业生也应加强自我保护意识，比如在发送简历前，先致电到招聘单位确认，尽快进入供求双方的真实接触阶段，增加招聘的可信度。

现在，网络上骗局陷阱很多，针对网络上的各种发财、成功的信息，

某省公安厅网络侦察队负责人曾这样说："网络赚钱与传统赚钱方式一样，都是一分耕耘一分收获，绝对不会有天上掉馅饼的好事。不可否认，网上有些机遇会让有些人在短期内致富，但没有任何一种机会可以让千千万万人一夜致富。希望网民在上网时擦亮眼睛，远离那些看似诱人实则凶险的陷阱。"

当然，这说起来容易，做起来却很难。如今生活中各种骗术的花样不断，让人防不胜防。如果人能把握住信念，抵御住不义之财的诱惑，不去铤而走险，就不可能会被陷阱所害。很多错把陷阱当机遇的人，大都是见到了所谓的"利益"而陷进去的。执着于利益，就可能被利益所害。成功人士与平庸之辈的根本差别并不是天赋，而是对机遇的把握能力，前者会识别真假机遇。

史玉柱说："不该挣的钱别去挣，天底下黄金铺地，不可能通吃。这个世界诱惑太多了，但能克制欲望的人却不多。"

机遇往往在偶然中显示着必然，在必然中显示着偶然，这正是机遇的诡秘莫测之处。所以不要刻意去追求，因为在这刻意之中，人的分析能力有可能发生偏差，难于做出正确的判断和选择，因而容易在这急躁中被别人利用，错把陷阱、骗局当机遇，吃亏上当。

面对机遇，许多人不会分辨，不会审察，忙于行动，急于出手。他们总是随波逐流，这样也就常常陷入陷阱、骗局之中，总是与失败做伴。所以说，在机遇的选择上，经常是差之毫厘，失之千里。一念之差，可能成为千古恨。

那么，当机遇来临时，如何分辨哪个是真正的机遇哪个是陷阱呢？虽然机遇面前会有很多的难题，会有很多的陷阱和骗局，但只要谨慎小心，不急不躁，还是可以分辨的。这个世界上遍地都是聪明人，如果存在一个收益很高而风险又小的行业，不用谁去号召，大家都会蜂拥而上，其结果是这个行业很快饱和，收益率立刻下降。资本是流动的，就像江河湖海，无论底下如何暗流涌动，水面总是平的。整个社会的财富流动也是如此，无论什么行业，投资收益率终会趋向一个平均数值。一件事如果能赚很多钱，却一直没有人来竞争，只能说明这里面风险太大，让

人望而生畏。坐享暴利的事是不存在的，风险和收益总是成正比。

《三国演义》中刘备要成就大业，因缺乏良才辅佐，他三顾茅庐求得诸葛亮的出山。而诸葛亮想投奔明主的心情，跟刘备求贤的心情一样迫切，但诸葛亮为了实现机遇的优化，不惜冒着失去机遇的危险来"考验"刘备，让刘备三顾茅庐。诸葛亮的成功之处就在于把握得好，看准了这次是真正的机遇，才决定出山，帮助刘备完成统一大业。

机遇不是任何人都能把握住的，也不是任何时候都有的。你所面临的机遇，虽然有其必然性，但都是在一定的条件下才会产生。这种条件是最重要的，没有条件就没有机遇。首先是个人条件，只有当你具备了条件时，机遇才会出现。其次是面临机遇时，要敏锐，要主动，不能麻木；要理性分析，尽量避免冲动、盲目；在合适的时机做出合适的反应，灵活果断地扫清一切障碍；天上不会掉馅饼，人间也没有免费的午餐。

把握机遇是一门学问，更是一种艺术，是对你智慧和能力的一种检验。成功的人都是能把握住机遇的人。一位名人这样说：人生最难的事情就是对机遇的选择，人生的许多悲剧就是错把"陷阱"当成机遇。

〉〉怎样规避把陷阱、骗局当机遇的错误

● 不要过于相信别人，要谨慎行事，做任何事情特别是涉及金钱往来的事情时一定要三思而后行。

● 任何时候都要记住，天下没有免费的午餐。在突如其来的好处面前，一定要冷静分析。"天上掉馅饼"的好事多半是骗局而不是机遇。

● 在任何情况下，都不要向任何网上"雇主"发送自己的社会保险账号、信用卡号及银行账号。女生更不要在没有了解该公司的真实情况下就单独去面试。

选择不适合自己的职业

——选择不适合自己的职业与选择自己不喜欢的职业
没什么两样

◎讨厌指数：★★★
◎有害度指数：★★★★
◎规避指数：★★★

【特征】

1. 工作与专业对口却不合个人兴趣，对于现有工作没有热情，按时去上班，却像应付差事一样，提不起精神。
2. 择业时匆忙，抱着"捡到篮里就是菜"的心态，而没有考虑自己的专业、兴趣、志向等各方面是否匹配。
3. 对自己的能力认识不清，这山望着那山高，盲目跳槽。

    据权威人士估计，在选错职业的人当中，有80%左右的人在事业上是失败者。当一个人从事自己不喜欢的工作时，他在工作中就体会不到快乐和激情，也就不能调动足够的能量，很难在工作中取得优异成绩。

    在当前的社会环境下，激烈的竞争以及生存和就业等诸多压力，使

得一部分人对于工作或多或少有些"饥不择食"。物竞天择，适者生存。为了生活和前途以及有份稳定的职业，许多人放弃了自己的理想，从事着自己不喜欢、不适合的职业。为了避免被社会所淘汰，人们尽力顺应周围环境的发展和变化。每过一段时间，媒体、企业、HR专家都会根据事态的发展对未来职业作预测性评估：今后几年哪些行业比较热门、哪些专业人才短缺、哪些职位比较吃香等等。这也吸引越来越多的求职者关心未来的发展方向，或转行或跳槽，为了生活拼命也要挤进热门行业，即使是自己不喜欢、不适合的职业。

小李大学学的专业是计算机应用。几年前他报考大学时，正赶上新兴的计算机行业炙手可热，和当时很多一拥而上的学生一样，小李也选择了这个热门专业。然而进入大学后小李却发现自己根本不喜欢跟机器打交道。毕业后找工作，因为专业的限制他又不得不进入这一行做了程序员。随着社会的发展，由于计算机行业从业人员的饱和，小李这样的本科毕业生沦为了"软件民工"。现今，小李已经在一家知名的IT公司工作3年了，工作的枯燥乏味加上前途的迷茫让小李身心俱疲。很多朋友劝小李改行，但在这个行业几年工作中积累的经验、付出的时间和精力又让小李舍不得放弃；况且，放弃了计算机业，小李也不知道自己还能做什么。当初选错了专业，后来又选错了职业，小李满心郁闷却又无可奈何。

与之相反，小李大学里的好友小周却坚持选择了自己喜爱的职业。和小李同校就读的小周学的专业是工商管理，在校时就因擅长交际，组织、领导能力强而被老师和同学们赞赏。大家都认为小周现在一定从事着一份不错的管理工作，然而在一次同学聚会上，同学们问及他的职位时，他的回答却是销售。这个答案令在场的同学无不感到诧异。以小周的条件，毕业后这几年时间足以令他爬上体面的高管位置，可他为什么会去选择又苦又累的销售工作呢？然而，在小周的眼里，销售是一个充满挑战的职业，无论是在与人的沟通、对专业知识的掌握上，还是对市场敏感度的把握、个人魅力的体现上，都是一门学问，而自己善于公共交际的长处也可以在这个职位上得到较好的发挥。因为选择了喜欢又适合自己的

职业，工作之余小周也愿意花时间与精力去研究探索，工作时轻松快乐，也取得了很不错的业绩。

对比上面的两个例子，我们可以看出一份合适的职业对人的重要性。即使是很多人不认可的工作，只要是自己的兴趣所在，也会觉得丰富多彩、趣味无穷。因为工作不是为了别人，而是为了自己。职业如鞋，只有适合自己的，才是最好的。

一份职业是否适合自己，并不是说做得来就适合，做不来就不适合。适合的职业包括两层意思：

首先看这个职业是不是最能发挥你的优势。这里说的优势是指天生优势——性格和天赋，而非指后天的所学、专业等等。也就是说你从事这个职业是不是你职业发展的最佳路径，能否使你很快地成长和发展，你是否愿意并且可能在这个职业上发展到很高的层次，能否取得很大的成功。

其次看你所从事的职业是否能让你感觉到快乐，感觉到工作本身可以满足或者有助于满足自己的工作价值观需要。也就是平常所说的工作满意度是不是高，这份工作会不会做了一段时期后就不再喜欢，会使你感到厌倦甚至痛苦。愉悦的心情可以使工作更有效率，事半功倍。如果一份职业总是让你感到厌倦痛苦、无法忍受以至于想要逃避，那就需要考虑一下它是否适合自己了。

选择一份适合自己的职业，兴趣、性格等可算是首先要考虑的问题。这是因为：第一，兴趣可以增强你的职业生涯适应性并能使你更充分地发挥出你自身的才能。研究表明：人们从事自己感兴趣的职业，能发挥出其全部才能的 80%～90%，而且能长时间保持高效率而不感到疲劳；而如果对所从事的工作没有兴趣，则只能发挥其全部才能的 20%～30%。从以上数据不难看出，兴趣可以通过工作动机促进你能力的发挥，兴趣和能力的合理结合会大大提高工作效率。第二，兴趣影响你的工作满意度和稳定性，在摒弃经济因素等外因的情况下甚至具有决定性作用。一般来说，从事自己不感兴趣的职业很难让你感到适合和满意，并会因此导致你工作的不稳定，如频繁跳槽等。

选择了不适合自己的职业，就等于是在用自己的短处去和他人的长处竞争。每个人都有着自己天生的长处和优势。成功心理学的最新研究表明：在外部条件给定的前提下，一个人能否成功，关键在于所从事的职业是否能够发挥其天生优势。这些天生优势使得人在工作中如鱼得水，进步更快，成绩更好。选择了不适合自己的职业就意味着你与其他人竞争时没有了最重要的天生优势。即使是拥有专业学习或工作经验方面的后天优势，也会在从事同样的工作一段时间后，被那些具有天生优势的人，逐步地赶上并超越，这样你的后天优势也会逐渐丧失。这就是为什么在那些选择了不适合自己的职业的人中，有80%在事业上都是失败者。

选择了不适合的职业就等于在人生的路程中走入了歧途。虽说人的职业生涯往往都不是一帆风顺的，走弯路也在所难免，乐观一点来看，走弯路的同时也得到了历练和成长，得到了宝贵的经验和教训。但是，谁不知道"两点之间，直线最短"，谁愿意总在弯路上兜兜转转，浪费时间呢？

陈晓2003年毕业于北方一所学校的财经系。之所以报考这个专业，是由于选报专业时，家里认为女孩子做财务比较稳定、轻松。其实陈晓是那种性格比较开朗的女孩，平时爱好看书和文学，对于财经一向不太感兴趣，真正读了这个专业后才发现这个专业比自己想象的还要枯燥。于是，大学四年中，陈晓并没有认真地学习财务知识，对于财务这个领域也漠不关心。

转眼到了毕业找工作的时候，一个偶然的机会，她进入了一家图书工作室从事图书编辑的工作。工作内容就是按照工作室的选题，进行励志和社科类图书的编撰。在工作几个月后她感觉工作越来越乏味，每天要采编、写稿，压力大得让她身心俱疲。

这样，她浑浑噩噩地做到年底，在一次元旦同学聚会上，她得知有个老同学所在的一家IT网络公司在招聘网络编辑。在这个同学的推荐和帮助下，她进入了这家公司从事网络编辑工作，主要负责策划、设计网站的内部频道和特色专题。工作虽然比以前轻松了很多，但她感觉比较压抑，公司内部的钩心斗角更让她无法适应，到后来她连班都不想上了。

挣扎了一段时间，陈晓再次递出了辞呈。

在经历了两次不如意的工作后，她彻底放弃了再走编辑的路线，辞职出来寻求其他的工作，但找寻了一个多月都没找到一份适合的工作。万般无奈之下，她想到了回归本专业。但经过几次失败的面试后，她才明白要回归本专业更是困难重重。面试官总是一上来就问她，工作快三年了，有没有相关经验，有没有会计上岗证，而且薪水开得也非常低。到底哪一条路才是适合自己的？屡次选错职业让陈晓彻底陷入了求职的困境。

由陈晓的例子可以看出，在职业市场已经逐步成熟、机会越来越难抓住的今天，找准自己的职业定位、走适合自己的职业发展路线是至关重要的。选择了不适合自己的职业而走了弯路，不但浪费时间和精力，更会让你一步踏错步步错。

历史上的南唐后主李煜，便是因为错选了不适合自己的职业而误了一生。

南唐后主李煜是中主李璟的第六子，生于937年，959年被立为太子，961年即位，没有年号。李煜即位时，南唐已为宋的属国。作为一个皇帝，他无疑是失败的。面对宋朝的压力，他逆来顺受，以图苟安，并借佛教安慰精神。975年，宋军攻入金陵，后主被俘，南唐灭亡。

虽然李煜在政治上是一个庸君，在文艺上却有着很高的天赋和造诣。他博通众艺，书法自创金错刀、摄襟书和拨镫书三体；画山水、墨竹、翎毛，皆清爽不俗，别具一格；又通晓音律，写过多首广为流传的曲子，还与周后审订了著名的《霓裳羽衣曲》残谱。李煜还藏有众多书籍，精于鉴赏，诗文俱佳，词尤负盛名。身为帝王时，他的作品主要反映宫廷生活，诗词艳丽却没什么内涵，如《长相思》、《浣溪沙》等。被俘后，他的词和前期相比有了很大的突破，如《虞美人》、《破阵子》、《浪淘沙》等。不做皇帝的李煜成了一位成功的词人。

"亡国之痛"成就了后主词名，使世间多了一位伟大的词人，少了一个昏庸的皇帝。生在帝王家的命运，注定了李煜不得不以皇帝为职业，而这个不适合他的职业，造成了他一生的悲剧。

目前，就业的压力让很多人都只能抱着"捡到篮里就是菜"的心态，

而没考虑自己的专业、兴趣、志向等各方面的匹配，这导致了跳槽率的提高。"先就业后择业"固然提高了就业率，但是从个人的角度来说，一旦没有认清自己职业的方向而选择了一个不适合自己的职业，要取得成功就只能是事倍功半，甚至会让自己产生巨大的心理压力，导致各种心理问题的产生。而等到问题出现时再转向其他工作岗位，不但浪费了时间和成本，也往往会陷入两难境地，再做职业的转型，难度就更大了。所以，找到自己的"职业锚"就显得相当重要。"职业锚"即职业自我观，由自省的才干和能力、自省的动机和需要、自省的态度和价值三个要素构成，其功能是指导、制约、稳定和整合个人的职业。

工作应该是一种乐趣，而不仅仅是一种生存的手段。只有时时审视自己的职业生涯，规避选择不适合自己的职业这样的错误，才能始终朝着正确的方向前进，才能赢得成功的人生。

〉〉怎样规避选择不适合自己的职业的错误

● 慎选第一份工作。俗话说，好的开始是成功的一半，同样，错的开始很可能让你一步踏错终生错。

● 做职业定位。对个人的职业兴趣、职业气质、职业倾向性、职业满意度等方面进行全方位的调查和了解，并且把个人以往的所有职业行为进行整合，发现其惯常的行为模式和基本职业动力模型。这些信息的综合将对找到个人适合的职业发展方向起到关键性作用。

● 调查想要选择的职业。对职位工作内容、就职者资质要求以及就职者的评价标准等等的详细信息要有充分的了解，并且在行业现状和发展趋势的背景下判断岗位与个人的匹配度。

● 知错就改。一旦发现自己选错了职业，就应当果断勇敢地做出改变，不要觉得为时已晚。亡羊补牢，未为晚也，千万别学泡在温水中的青蛙。

盲从各种权威

——成功特别青睐习惯独立思考的人

◎讨厌指数：★★★
◎有害度指数：★★★★★
◎规避指数：★★

【特征】

1. 不经分析调查，在很多事面前懒得自己去思考，相信权威所说不会错。
2. 缺乏自信，甚至达到了"没有权威，我将怎么生活"的程度。
3. 拉大旗做虎皮，拿权威的名头为自己的观点或做法撑腰。

　　我们每天似乎都在和权威打交道，权威在我们的生活中可谓是无所不在，各种各样的权威充斥在我们的生活环境之中。人微言轻，人贵言重。其实，在我们每一个人的内心深处，对权威都有一种膜拜和向往，认为权威学者们说的话是真理，于是，也不认真思索，便盲目随从，结果到最后才发现这样盲从有时候却是一种错误。权威固然有其权威的正确性，但也不是绝对的。如果我们不假思索地盲从权威，那就将给我们

的人生带来危害。

长期以来，我们过于习惯接受权威的教导和宣传，有意或者无意地放弃了自己思考的权利，这在思维方面是一个重要的缺陷。

权威主义在中国可谓源远流长。国家有国家的权威，家庭有家庭的权威，学校有学校的权威，并且各村庄也有各村庄的权威，在庙里供奉着，五花八门，真可谓权威遍地，权威就是神通广大。这种权威主义"情结"很容易导致盲从现象的产生。因为有权威存在，所以自己最好不要去思考，免得浪费时间，凡事跟随权威就是。因为权威是万能的，又是神圣的，所以，寄托于权威既"合理"又让人充满"希望"。

有一个这样的女人，她的身体不是很好，所以每天早晨都要用滚开的水冲一个蛋花汤喝。这是她在电视上一个保健节目中看到的，说喝这蛋花汤对体质弱的人有好处，能增加抵抗力。于是，女人就一直坚持喝这蛋花汤，一晃半年的时间过去了。

有一天，女人看到某晚报上一位营养学家发表的文章，说鸡蛋中有种种微生物和寄生虫之类的，不宜冲蛋花汤喝，最好是煎了吃。于是，每天早晨，女人就改煎鸡蛋吃了。可是，没过两个月，女人在一份杂志上看到一个专家讲，经常吃油煎的鸡蛋不好，用高温油煎烹调的食物，会含有多种有害物质，容易诱发癌症。女人害怕了，她忙改吃水煮蛋。

不久，女人偶然地翻看过去的一张报纸，看见上面有一段话，说水煮蛋不宜吃得太多。危害是什么，女人没有看到，因为报纸那一块地方被别人撕掉了。但是，不管那没有看到的地方上写的是什么话，女人立刻决定不吃水煮鸡蛋了。

那么，鸡蛋还能怎么吃呢？女人索性就不吃鸡蛋了。

这样的故事在我们身边经常发生，这样的人我们也经常能遇到。权威说东就跟着往东，说西就跟着往西，自己没有任何主见，糊里糊涂，到最后才发现不对头。

在生活和工作中，对于权威的话不能绝对相信。从某种意义上讲，盲从各种权威，会给自己的思维人为地筑起一道围墙，圈在里面不知何去何从，最后导致停步不前。

有一个中年男人，平时爱喝茉莉花茶，自我感觉也不错。可是有一天，他看到了一位医学健康方面的权威发表了一篇文章，说绿茶里面含有茶多酚，而茶多酚是抗癌的，于是男人立刻就改喝绿茶了。那篇文章里面列举了大量的实例，说经过调查，日本 40 岁以上的人，没有一个人体内是没有癌细胞的。为什么有人得癌症，有人不得，就是跟喝绿茶有关系。如果你每天喝 4 杯绿茶，癌细胞就不分裂，而且即使分裂也要推迟 9 年以上，所以日本小学生每天上学前都喝一杯绿茶。

结果，这个男人不但自己喝，还让他的老婆和儿子也跟着喝，弄得孩子叫苦连天，因为孩子根本就不喜欢喝茶。

过春节的时候，男人的舅舅从乡下过来了，看到全家都喝绿茶后，哈哈大笑，笑话那专家不懂茶。舅舅说：我不是营养学方面的专家，但我是制茶方面的专家。茉莉花茶是以绿茶为底用茉莉花的香气烘焙制作而成的，是把未开放的茉莉花蕾先铺好一层，再铺一层绿茶，然后一层一层间隔铺好几层。弄完后放置一个晚上，让茶叶充分吸取茉莉花的香味。第二天，再用机器给茶叶作一次温和烘干，茉莉花茶就这么制作完成了。如果说这茉莉花茶和绿茶有什么不同，那就是茉莉花茶是有一种茉莉花香味的绿茶，而绿茶只是纯绿茶，所以，那专家说的话是错误的。

男人被弄糊涂了，他也不知道是该相信权威的话，还是该相信舅舅的话。

有时候，对权威也不能完全至上，我们每个人都应用自己的大脑去判断是非。在事情面前，不做认真分析，唯权威马首是瞻，就像买卖股票，专家评论看好，就纷纷买入，专家意见看淡，就急急卖出，人云亦云，亦步亦趋。这种不太明智的做法，对人是不会有多大益处的。

家住东北的郭女士为了减肥，花高价买了一种叫"瘦乐康胶囊"的减肥药。因为该产品在媒体上做了大量的宣传，也有专家认证。

可是，郭女士服用了一个月后，不但没有使身体瘦下来，反而全身浮肿，去医院检查才知是服用减肥药导致肾功能出现紊乱。郭女士悔恨不已，恨自己盲目听信那些医药广告、那些所谓权威的话，拿自己的生命当儿戏。

时下，保健品广告铺天盖地，电视、报纸、专家讲座到处都有。一些人盲目听信了宣传，结果非但没有起到保健作用，反而还因错误用药给身体带来了危害。

有这么一种奇怪的虫子，名字叫"列队毛毛虫"。"列队毛毛虫"顾名思义，就是一个个毛毛虫喜欢列成一个队伍行走，最前面的那只负责方向，后面的那些虫子只管跟在后面随从。

有一个小男孩觉得这种虫子挺有趣，便把领头的那只毛毛虫引到一个大水盆沿儿上绕圈，想看看其他的那些毛毛虫会怎样？

小男孩看到，其他的毛毛虫跟着领头的毛毛虫，首尾相连形成一个圈。这样，整个毛毛虫队伍就无始无终，分不清头或尾了。每只毛毛虫都跟着自己前面的那只毛毛虫爬动着，直到两天后，那些毛毛虫被饿晕了，才从盆沿儿上掉了下来。

那些毛毛虫，盲目地跟从领头，结果进入了一个循环的怪圈。毛毛虫的失误在于失去了自己的判断，盲目跟从。由此可以联想到现实生活中，我们在有些时候何尝不是如此呢？有时不也是犯和毛毛虫一样的错误吗？许多人盲目跟从那些所谓的权威，导致人生的失败。

刘歆是西汉成帝时著名大儒刘向的儿子，他聪明好学，在父亲的教育下，成长为一位学问精深的青年。他写成的一部目录著作《七略》深受大家的好评，而且，他对古籍也颇有研究。

后来，汉平帝继位，王莽掌握了大权。王莽为了巩固政权，召来了刘歆，说："我对先生历来尊敬有加，你聪明过人，从前主张推行古籍，这实在是远见之举啊。我的心意和先生相同，你尽可以通过帮助我，实现你的大志了。"

刘歆说："我会尽心尽力为您进言纳谏。在我看来，世事的变化已被古人全然掌握了，现在只要大胆实行便是。治理天下虽然不是一件容易的事，但只要多读一些古书，也就了然于胸，化难为易了。我看古籍所述的就完全可以了，称得上尽善尽美了。"

王莽连连说好。

刘歆的这番话，让王莽身边的人担心。有人劝王莽小心一些，不要对刘歆抱太大的希望。凡事说说容易，做起来却难，并不是知道一些古籍就能治理天下的，纸上谈兵害人。

王莽没有听进去，他依然重用刘歆，结果遭到了惨败，激起了各地的民变。刘歆在王莽的眼里是一个古籍专家，刘歆的话他言听计从，他按着刘歆的主张去行动，结果导致失败。

诚然，被认为是专家的人，或是有高深的学问造诣，或是有灵通的市场消息，或是有丰富的实战经验，他们对各种事物的认识，无疑是比较深刻的。但是，"智者千虑，必有一失"，专家亦受时空局限，难免会跌跟头。专家的预测不会次次准确，专家所说的话也未必就是指导行动的真理。专家、权威的意见，我们应该重视，但不能盲从。你有没有想过盲从的后果，万一错了怎么办？所以，没有理由认为权威的意见一定是"句句是真理，一句顶万句"。

有一天，森林之王狮子当着很多动物的面夸奖一只小松鼠，说别看小松鼠个子小，但是它的本领非常大，除了狮子外，森林里就数它最厉害了。如果这话出自乌鸦或小毛驴之口，大家一定会认为它是头脑发昏，但是如今这话却是狮子说的，大家便都相信了。

从此以后，森林里的动物们都开始害怕小松鼠，小松鼠的冤家也开始和它交朋友，就连经常欺负小松鼠的狼也对小松鼠敬畏有加。每当小狼不好好睡觉，狼妈妈就会拿小松鼠吓唬小狼："你要是再不听话，妈妈就去告诉小松鼠。"

有一天，小狼正独自穿越森林往家里赶，它的肚子饿得咕咕叫，忽然发现树丛中有呼噜声，它一看，是小松鼠。看着小松鼠那瘦小的样子，小狼真想用刚从妈妈那里学到的捕猎技术，猛地扑过去，对没有任何防备的小松鼠进行突然袭击。但是，它却没有那样做，它想起了狮子的话，于是，只好迅速地离开了。

森林里的动物们为什么都害怕小松鼠？它们并不是因为亲眼见到小松鼠的强大，而是听信了狮子的话。动物们为什么会听信狮子？那是因为狮子是森林之王，是个权威。

所以，比松鼠不知道厉害多少倍的小狼，还是被松鼠吓跑了。那只

狮子，不知道出于什么原因，说松鼠是厉害的，但是，可怜森林里的那些动物，不加以分析，就轻易相信狮子的话，同时小狼也失掉了美餐一顿的好机会。

盲从权威后果非常严重。春秋战国时期，礼崩乐坏而没有权威，所以换得了当时经济、政治、科技和文化的大发展。但自汉以来，罢黜百家而独尊儒术导致我国民众的思维长期受到钳制，社会的发展陷入被动，除了唐朝因其开明而不施行威权的时候取得短暂辉煌的百来年之外，我们几十个封建王朝都在盲从权威中越来越落后。

权威只能给我们以借鉴，要用自己的脑袋去思考问题，别去盲从那些所谓权威。无论名头有多大，没有货真价实的东西就是要坚决不买账；无论说得有多么动听，只要不能解决切实的问题就坚决不理会；无论与你的观点相差了多远，只要坚信自己是正确的就要勇敢地质疑。独立思考才能更快地获得成功。

> > 怎样规避盲从各种权威的错误

● 独立思考。

● 盲从权威不可能有所创新，更不能进步。所以，在平时的工作中，要不受束缚，不落俗套，不屈服权威，这样才能有创造性的突破。

嫉妒心强，过分与他人攀比

——嫉妒和过分攀比是危害人际关系的毒瘤，是影响一个人正常工作情绪的腐蚀剂

◎讨厌指数：★★★
◎有害度指数：★★
◎规避指数：★★★★

【特征】

1. 见不得别人比自己强，看到与自己有某种联系的人取得了比自己优越的地位或成绩，便产生一种褊狭的嫉恨心理。

2. 当对方面临或陷入灾难时，隔岸观火，幸灾乐祸。

3. 在狭隘情感的支配下，借助造谣、中伤、刁难、穿小鞋等手段贬低他人，安慰自己，以求心理上的满足。

4. 无论大事小事都喜欢拿来与他人攀比一番，见不得别人比自己强。

嫉妒是一种不良的心理状态，是由于个人与他人比较，发现别人在某一方面或某几方面比自己强而产生的一种由羞愧、不满、怨恨、愤怒

190

等组合成的复杂情绪。大思想家培根这样来形容嫉妒心理：人可以允许一个陌生人发迹，却绝不能原谅一个身边的人上升。

有一位工程师，嫉妒心特别强，只要别的同事搞出成绩，他便立即眼红，恨不得那是自己的成果。有一次，其所在的设计院有两个出国进修的名额，但僧多粥少，上级决定通过对候选人进行外语考试，择优选派。这位工程师本身外语基础不错，但又担心有人会超过他，尤其令他忧虑的是同科室的一位工程师，这位工程师实力确实比他强，上次在职称考试的时候就比他成绩高。于是，他开始行动了，不是在其他同事中间中伤该工程师，便是到领导那里打小报告，甚至在考试前几天常常半夜往那位工程师家打匿名电话，令其休息不好，而自己却夜夜点灯熬油地猛学，暗下功夫。结果，在考试那天，他由于偷看资料而被取消了考试资格，弄得狼狈至极，在领导和同事们心目中的形象也一落千丈。

从上述事例我们不难看出，大凡嫉妒、攀比心强的人，总是担心别人强过自己。而在这种动机的驱使下，他们往往会去贬低他人、诬陷他人，以达到心理的平衡。事实上，这样不但最终难以真正平衡，反而会更加烦恼。

好嫉妒的人总是拿别人的优点来折磨自己。在被嫉妒迷晕了的人心中，总是喜欢盲目与他人攀比，任何一点别人的好都能让他愤愤不平，妒火中烧。德国有一句谚语："好嫉妒的人会因为邻居的身体发福而越发憔悴。"像上文中的工程师一样，别人快乐他嫉妒，别人年轻他嫉妒，别人有才学他也嫉妒，别人富有他更嫉妒……好嫉妒的人陷于这种心理状态中，总是会毫无必要地让自己活得更累。

很多人所谓的"为工作烦恼"、"为上班烦恼"的本质，其实就是不能忍受自己平平而同事升迁了，不能忍受上司表扬了他人而批评了自己，不能忍受别人涨了薪水而自己竟没有，不能忍受……而这种种"不能忍受"的烦恼背后，便是一种极端消极和狭隘的病态心理——嫉妒和攀比，也就是我们俗称的"红眼病"。

法国著名作家大仲马在《基度山伯爵》一书中曾描写过这样一个情节："罗杰觉得他的头脑里浮起一种以前从来不曾有过的感觉，那种感觉像是在一口口地痛咬他的心，然后又渐渐地透过他的骨骼，钻进他的血管，弥

漫到他全身。他用眼睛跟随着德丽莎和她舞伴的每一个动作。当他们的手相触的时候，他觉得自己像是要晕厥了，他的脉搏猛烈地跳着，像是有一口钟在他的耳旁大敲特敲。当他们谈话的时候，虽然德丽莎只是低垂着眼光胆怯地听她的舞伴独个讲，但从那位美貌的青年男子热情的目光中，罗杰看出他是在讲赞美的话。他似乎觉得天昏地旋，种种地狱的声音都在他的耳边低语，叫他杀人，叫他行刺。他生怕这种强烈的感情使他不可自制，于是就一手捏住他身体靠着的那棵树的丫枝，另外那只手则痉挛似的紧握住他那把柄上雕花的匕首，时时不自觉地把它抽出鞘来。"

这里，大仲马用他那传神之笔，把罗杰醋意大发的复杂心态刻画得淋漓尽致。巴尔扎克说得好："嫉妒者的痛苦比任何人遭受的痛苦都大，他自己的不幸和别人的幸福都使他痛苦万分。"可见，嫉妒是对与自己有联系的、强过自己的人的一种不服、不悦和仇视，甚至带有某种破坏性的危险情感。

显然，嫉妒主要是通过把自己与他人进行对比，而产生的一种消极心态。通过这种对比，会使人产生两种压力，即正、负压力。能够积极、善意地回报对方，没有给对方构成身心威胁的，我们称其为正压力；而消极、恶意地嫉恨对方，并由此害了"红眼病"，给对方的身心构成了威胁的，则是负压力。嫉妒就是通过这种对比而产生了负压力的结果。正如斯宾诺莎所说："嫉妒是一种恨，此种恨使人对他人的才能和成就感到痛苦，对他人的不幸和灾难感到快乐。"也就是说，当看到与自己有某种联系的人取得了比自己优越的地位或成绩，便产生一种褊狭的嫉恨心理。当对方面临或陷入灾难时，就幸灾乐祸。在这种狭隘情感的支配下，人们往往借助造谣、中伤、刁难、穿小鞋等手段贬低他人，安慰自己，以求心理上的满足。这种消极的心态，将导致人们展开严重的内耗，其结果不是把人向前推，而是把人向后拉。

由此我们不难看出，这种由于嫉恨他人而不讲条件、不择手段，一味地与别人进行攀比的消极心理，是一种增加人际隔阂、影响人际沟通、妨碍人们正常交往的病态心理。而这种病态心理对建立和谐的人际关系有很大的破坏作用。

嫉妒的表现方式多种多样，嫉妒者往往会费尽心思地诋毁中伤被嫉

妒者，把被嫉妒者批判得一无是处。这种批判又和一般的批判不同，这种批判往往带有感情色彩，语气暧昧不明，厌恶的程度与批判的内容不相符。批判的内容缺少对问题的具体指向，而是针对个人的生存状态、名誉地位等等进行批判，实质更像是人身攻击。

嫉妒心的产生，与人最关心最在乎的事物相联系。越是在乎的东西，所引发的嫉妒心也就越发强烈。出于嫉妒，把自己置于一种心灵桎梏之中，折磨自己，折磨来折磨去，害人害己。希腊神话中的柏洛克丽斯的故事就是一个鲜明的例子。

在开满鲜花的含笑的希买多斯山旁，有一口圣泉，柏洛克丽斯的丈夫凯发路斯最爱在这里休息。休息的时候他还喜欢轻轻地哼唱着："凉风啊，到我心头来平息我的火吧。"有多嘴的人听到了这句话，就去告诉了他的妻子。当柏洛克丽斯知道了"情敌"凉风的名字后，便昏了过去，痛苦得连话也说不出来。当她清醒过来后，嫉妒的怒火使她发狂一般地在路上奔跑，赶到那圣泉边上。

终于，她看到了自己的丈夫。凯发路斯正用泉水浇着自己晒热了的脸，嘴里说着："温柔的和风，你来啊，而你，凉风，你也来啊。"柏洛克丽斯这时才发现自己弄错了。

她站了起来，激动得想要冲到丈夫的怀里去，但由于动作过大而翻动了那些落在路上的树叶。凯发路斯以为是一头野兽来了，便敏捷地拿起了他的弓箭，然而箭射中的不是野兽，而是他善嫉妒的妻子。

古希腊哲学家德谟克利特说："嫉妒的人是他自己的敌人。"美丽的柏洛克丽斯，就这样因为无端的嫉妒而葬送了自己的性命。

嫉妒是一种普遍的社会心理现象，它有一个重大的特征就是"指向性"，即嫉妒是有条件的，是在一定的范围内才会产生的，是指向一定的对象的。一般来说，人们只会嫉妒那些与自己有联系的、具有可比性的人或事。也就是说，我们不是对任何在某些方面超过自己的人都会产生嫉妒。例如，某运动员获得世界冠军、某科学家获得诺贝尔奖，我们只会羡慕而不会嫉妒。

人的嫉妒在什么范围内才会产生，指向哪些对象？一般来说，地位

相差不大，互相了解，又在同一单位从事同一种工作并且属同辈的人之间最容易产生攀比和嫉妒心理。这是由于他们在利害关系上有着某种联系，彼此都是直接竞争的对手。比如小王和小李在同一个单位工作，又是同时进公司的，能力也不相上下，结果小王获得晋升了，小李却没有，那小李心里肯定不是滋味。我们常说的"同行是冤家"、"文人相轻"就是这个意思。

嫉妒的危害，主要有以下几个方面。

1. 妨碍人际关系的和谐。当一个人嫉妒另一个人的时候，就很难对那个人保持友善和热情，即使表面上友好，也会在背地里放冷箭。这样一来，两个人的关系必然紧张，对于说嫉妒对象好话的人也容易不服，恶语相向，进而将这种紧张情绪波及其他人。嫉妒的对象越多，关系冷淡的对象也就越多，这样就给人际交往带来极大的妨害。好嫉妒的人从来不为别人说好话，因为他们容不下别人的长处。而事实往往是，每个人都有自己的长处，好嫉妒的人下意识中就把所有人都视为自己的敌人，以冷漠的态度对待他人，甚至通过说别人的坏话来寻求一种心理上的满足。所以说，嫉妒心强、过分与他人攀比会让人失去朋友，更别说有和谐的人际关系了。

2. 造成个人内心的痛苦。嫉妒本身就是对于被嫉妒者的一种肯定，嫉妒对方就等于承认了对方比你强。这使得嫉妒心强的人，常常陷入苦恼之中不能自拔。对方的一举一动，嫉妒者都会拿去盲目地与自己比较一番，稍有不如对方就痛苦万分。法国文学家巴尔扎克有一句话非常贴切地说明了嫉妒者的这种煎熬："嫉妒者比任何不幸的人更为痛苦，因为别人的幸福和他自己的不幸，都将使他痛苦万分。"

3. 使人自私。嫉妒的人容不得别人比自己优越，看到他人得了好处便心中不快，故而自私。自私的人恨不得所有的好事都归自己，嫉妒和自私便是这样唇齿相依，你中有我，我中有你。

4. 害人又害己。从自身来讲，嫉妒伤身，嫉妒使人把时间都用在阻碍和限制别人身上，而不是潜心于自我的开发。嫉妒不仅折磨嫉妒的人，也危害被嫉妒的人。嫉妒者的流言、恶语、陷害、阻挠、拆台、造谣等，

往往都会给被嫉妒者造成恶劣的后果。

春秋战国时期，魏国大将军庞涓自觉学业不如一起师从鬼谷子学习兵法的同门师兄孙膑，遂心生嫉妒。由于担心孙膑对自己的发展不利，于是便派人将孙膑请到魏国，并设计陷害，使孙膑受到膑刑，被挖去膝盖骨，成为残废。孙膑被救回齐国，做了齐国的军师。后来魏与赵攻韩，韩求救于齐，孙膑让率兵的田忌攻入魏地后即后撤，三日内由十万灶，减至五万，又减至三万，使骄狂的魏军误以为齐军怯懦，遂一路追赶进入马陵道。孙膑早在此布下埋伏，待魏军到时，齐军万箭齐发，魏军死伤众多，溃不成军，庞涓也被一箭射下马来，走投无路，自杀身亡。

庞涓的嫉妒虽使同门师兄遭受膑刑致残，却终也赔上了自己的性命。以害人始，以害己终。

5. 妒火中烧，还会危害到事业。在楚汉战争之初，项羽的势力比刘邦的要大得多，然而结果却是骁勇善战、兵力强大的项羽被小混混出身的刘邦击败。垓下之战胜利后，刘邦曾在一次酒宴上与群臣探讨项羽失败的原因。有人指出："项羽嫉妒贤能，有功者害之，贤者疑之，战胜而不予人功，得地而不予人利，此所以失天下也。"项羽的嫉贤妒能，使得他的队伍人心离散，力量日益削弱，以致最后彻底失败，断送了大业不说，一代豪杰最后落了个乌江自刎。

我们生活在一个处处充满竞争的时代里。有竞争就有胜负，胜败乃兵家常事，我们应摆正心态，不以胜喜，不以败悲。面对着有太多诱惑、太多"不公平"的世界，我们内心的欲望是不是常常会演变成嫉妒呢？如何规避嫉妒这种比仇恨还强烈的恶劣心理，完善自我，更好地完成自己的人生呢？首先，要找到产生嫉妒心理的原因，对症下药去克服它。人产生嫉妒的根源就是不自信。每个人都有着长处和短处，每个人在社会关系中也必然是有些时候是强者，有些时候是弱者。如果不能正确认识自己，坦然对待这种强弱的转换，就容易产生心理失落，处于弱势，就会引起对他人强势的过度敏感和防范，嫉妒便由此而生。虽然这种心理落差通常会在成长的过程中自我消解，但有一些心理失落却始终无法消解，变成了天天啃噬内心的隐疾。因此，嫉妒的严重性，不仅在于它

的一时爆发，更在于它的挥之不去。

一个人对于未来的期望应建立在自己的能力和条件所及范围之内，不要盲目地处处与他人攀比，也不要对他人的评价过于敏感。要在了解自我、了解现实的基础上，尽快完成对自我的恰当地认识。

在未来的社会，竞争将更加激烈，成败的转换无疑也将更加迅速。只有克服嫉妒心强、过分与他人攀比的错误，以尊重、学习、赶超的态度对待他人的成就和荣誉，迎头赶上，才能成为时代和生活的强者。

〉〉怎样规避嫉妒心强及过分与他人攀比的错误

● 克服嫉妒攀比心理，首先要胸怀宽阔，认识到人与人之间的不同和差异。俗话说得好，"五个手指头伸出来有长短"，因此，不要过分与他人攀比，对于他人的成就和荣誉应迎头赶上，而不是愤愤不平，甚至贬人抬己。

● "临渊羡鱼，不如退而结网"。面对别人的成绩，不应该眼红嫉妒过分攀比，而应该以敢于竞争、勇于进取的精神，拿出自己的才干来，堂堂正正地用成果同他人竞争，这才是嫉妒最好的"解药"。

● 珍惜所有。有首儿童诗这样写道："满街都是新鞋，我是多么寒酸。缠着妈妈一路哭闹，直到突然看到，一位失去了腿的人。"是啊，当你嫉妒别人的运气和际遇的时候，有否转身看过自己既有的东西呢。

● 有自知之明。人贵有自知之明，有自知之明的人，能够客观地评价自己和他人，也能正视自己的优点和缺点，因此能在别人的进步和业绩面前，心境平和。因为他知道自己的进步和业绩在哪里，而不是将眼睛盯在他人的闪光点上，一味去攀比，进而生出嫉妒。

● 抛弃虚荣。虚荣心是攀比和嫉妒的"催生剂"。克服自己过分的虚荣心，敢于承认自己的不足，把别人的成就和荣誉当作自己学习的榜样和前进的动力。

睡在过去的成就里

——要想把握现在与未来，就要忘掉过去的成就，随时准备重新开始

◎讨厌指数：★★★
◎有害度指数：★★★★
◎规避指数：★★★★

【特征】

1. 因过去的成绩产生骄傲自满情绪。

2. 故步自封，坚守过去成功的一套，不思进取，不肯进步。

3. 习惯了过去的风光，不能以正确的心态面对现在的挫折和失败，更谈不上重新开始。

有一句俗话是"好汉不提当年勇"。可现如今，很多人的口头禅就是"我当年如何如何"、"你知道什么，我吃过的盐比你吃过的饭还多"……说到底，这是一种酸葡萄式的阿Q精神，用自己过去的那点"光荣"遮掩自己现在的不如人。

　　人都有恋旧的情结，这未必是坏事，但若一味地恋旧而不朝前看，就不是好事了。一味留恋过去成就的人，很容易让自己停止前进甚至倒退。

　　首先，睡在过去的成就里而不往前看，必然会使人产生骄傲的情绪，最后落得个"骄兵必败"的下场。

　　秦朝末年，楚汉相争，自称西楚霸王的项羽不可一世，根本不把汉王刘邦放在眼里，最终导致自己兵败垓下，自刎乌江。汉朝建立后，齐王韩信自认为汉朝的江山是自己打下来的，恃功自傲，目空一切，骄横无比，结果被吕后设计除掉了。南北朝时，南朝宋武帝刘裕很有作为，他曾带领自己的儿子刘义恭出征。义恭英勇善战，立下了战功，武帝对他十分赏识。义恭原本比较谦虚谨慎，因为这次立功，逐渐不把别的官员放在眼里，生活上也奢侈放纵起来，后来又对别人盘剥无度，引起朝野强烈不满，最后被皇族所杀。

　　中国的古话说得好，"强中自有强中手"，再强大的人也随时有可能被别人打败。像项羽和韩信，就是因为过去的成功使自我感觉太好，无视别人的崛起，没有产生危机感，也不提升自己和防范别人，结果落得个悲惨下场。而义恭的下场殊途同归，他有了成就之后，自以为可以为所欲为了，结果早早断送了自己的性命。可见，因过去的成就自我感觉良好的人，必会因骄傲而毁了自己。

　　俗话说"人外有人，天外有天"。一个人再强大、过去再辉煌，都有可能在某一天遇到超过自己的对手。

　　谈起功夫偶像李小龙，人们津津乐道的往往是他的打遍天下无对手。李小龙在世时也确可称是世界功夫第一人，但李小龙自己绝不会说自己是天下第一。虽然每次比武都是他赢，但他并不认为自己有多么了不起。他说："很多朋友都关怀我的过去，比如我曾在美国的国际性拳击赛中，击败过许多选手。然而，这是我还未深入哲学领域时做下的傻事。那时候，的确因此使我成为武术界的'强手'，但这是没有多大意义的，这只是匹夫之勇，也是侥幸的'胜利'。因为，中国有一句老话：'强中自有强中手，一山还比一山高。'"

　　正是因为李小龙能冷静地看待自己过去的辉煌，有危机感，才真正做到了后来的"天下无敌"。

其次，睡在过去的成就里，必定会故步自封，停滞不前。

故步自封的人，往往在取得一些成就时就停滞不前、自我陶醉起来。当挫折来临时，这种人会很轻易地向命运屈服。当时代进步了，这种人仍会停留在原有的认识水平上，不与时俱进，最后被社会淘汰。

欧洲曾有这样一位造诣精深、名望很高的老画家：他作画时力求完美，精益求精。他对于种种非常细致琐碎的地方，也画得极其工整，惟妙惟肖。他对人说，他画中种种细微的地方，即便拿放大镜来仔细察看，也没有一点漏洞。起初，他的画的确负有盛名，得到人们的普遍赞誉。但是到了后来，印象派兴起了，野兽派也开始出现了，未来派也随之崛起。但这位老画家却不肯对这些画派下功夫去研究一番，不仅如此，他还说它们粗野浅薄。结果，由于没有跟上时代，他终于走到了古董画的坟墓里，后来再也没有人去请教他。这位老画家的生活日益艰苦，结果在穷困潦倒中离开了人世。

不同的时代，人们有不同的审美取向，老画家满足于过去所创造的成绩，不肯结合时代再进行创新，只会被时代淘汰。在这样一个不断创新、飞速发展的时代，任何年轻人要想创造一种人生、开拓一种事业，如果只是躺在自己所创造的成绩里故步自封，势必会被淘汰出局。

只有那些一味朝后看、故步自封的人，才会一成不变地采用那些曾经为人追捧但后来却被人抛弃的旧方法，才会念念不忘以前的荣誉和辉煌。他们总有一天会承认，自以为是、一成不变相当于患了半身不遂之症，即使有了一次成功，也往往再也难有建树。他们当然也会看到，那些保持时时进取的姿态、具有敢于开创的勇气，永远跑在时代最前面的人，开创着一个个新的辉煌。

一个即使没有成功经验但能够与时代同行的年轻人，与那些尽管资格很老、一度叱咤风云，但思想已经落后于时代的人相比，不知道要强过多少倍。比如以经商为例，以前经商只要有谋略，反应敏捷、干事迅速，就必定可以成功，可是现在光有这些条件已经不够了。在现代社会，一个人要想获得成功，就必须能够顺应时代的潮流，不断接受先进的事物，掌握先进的知识。只有这样除旧迎新，才能与时俱进。

你总是留恋过去的辉煌岁月有什么用呢？留恋过去对你现在的生活

没有一点帮助。你所要把握的是当今的世界和未来的世界，你所要考虑的是如何把时代向前推进。

再次，睡在过去的成就里，不仅不能让人前进，还会让人颓废不堪。

小柯刚到现在所在的公司时，公司已经濒临倒闭，业务一团糟，人心涣散。他加入公司后，认为公司的产品还是很有市场的，于是以积极的态度工作起来。他的热情带动了其他员工，业务一天天扩大，公司重新步入了正轨。老板看在眼里，喜在心上，把他从业务经理一步步提升到了总经理。这个时候，可以说是他任职以来最风光的时期，员工们服他、敬他，老板对他也信任有加，大事小事基本都由他说了算。这期间，还有另一家公司想以优厚的条件将他挖走，当时小柯把这事告诉了老板。老板竭力挽留他说："小柯，我们更需要你！而且，我们会给你一个更好的前景。"孰料，就在老板这话说出不到两个月，他就被老板以"莫须有"的理由给辞掉了。这对他来说打击太大了，他不甘心以前那么被老板器重，现在却落了个如此结局。

他带着失落感找到了另一份工作，可一切还得从头做起，他又做起了普通职员，没有了以前的春风得意。虽然新公司从他的求职履历上知道他以前的辉煌，可同事并不买他的账，老板也没有重用他。想起以前当总经理时的呼风唤雨，他变得非常沮丧，一个原本能干而有生机的小柯变得消沉、愤世嫉俗起来。在这种心境下，他的工作表现越来越差，最后又一次被炒了鱿鱼。

小柯刚开始的遭遇确实有些不公，令人同情。但是金子在哪里都会发光，他如果在做第二份工作时，摆正心态，忘掉以前的成绩和辉煌，好好从头做起，就又可以开创一份新的天地。可他却沉浸在过去的成就之中，难以重新定位自己，不是破罐子却要破摔，结果只能是令人失望了。

俗话说：人无千日好，花无百日红。一个人不可能永远处在某一个状态，今天默默无闻的奋斗也许会把你带向成功的顶峰，明天的辉煌也许预示着落日余晖的到来。昨日的辉煌和成就并不能代表你的今天和未来。人随时会面临新的环境和选择，这意味着你必须忘掉过去，重新开始。

在福特公司步入了良性发展的轨道时，一天，公司的一名中层管理人员瓦尔多在同福特交谈时说："我认为公司中层领导都已成长起来了，您是否该考虑一下培养接班人的问题了？"瓦尔多的话很含蓄，但却表

明了要福特辞职的意愿。福特一听，连连称赞："你说得对，你不提醒，我倒忘了，我确实该退下来了，不如今天就辞职吧！"由于涉及移交手续问题，几个月后福特便把董事长的位子让给了别人。

自己一手创办的公司都能欣然让位给别人，这看出了福特人生境界的洒脱和高尚。人生是被一个又一个亮点照亮的，而为了创造新的亮点，你可能需要随时忘记你正在拥有或曾经拥有过的荣光。

美国第一任总统华盛顿可谓是在辉煌与平凡之间转换得最自如的人。

1775年4月18日，华盛顿被任命为大陆军总司令，他率领着一群缺乏训练的业余战士，抗击着当时世界上最强大的军队。在每次战斗中，他都骑着自己的白马冲锋陷阵。

战争结束后，身为军队总司令和开国元勋的华盛顿，辞去总司令的职务，回到了阔别六年的故乡务农，在葡萄树和无花果树的绿荫下享受宁静的生活。

然而，独立后的美国社会所存在的许多矛盾仍亟待解决，不允许华盛顿长期离开政坛。1789年初，根据新宪法，美国国会举行大选，华盛顿当选为美国第一任总统。自此，华盛顿又把全副精力投入到带领人民建设国家上去。

1796年9月，乔治·华盛顿的总统任期将满，虽然当时国内外要求他再次参选总统的呼声很高，但他还是放弃参选，平静地回到了他的家园——弗农山庄，过起了普通人的生活。他很自然地融入了田园生活中，恢复了劳动人民的本色，虽然年过六旬，仍参加农场的劳动。

多次经历从尊贵到平凡的身份转换，却并没有褪去他的影响力和光辉。

他这种能对过去的辉煌淡然处之的超脱方式和态度，可能正是人们对他顶礼膜拜的主要原因之一。

一个总统都能欣然忘掉荣誉，放弃受人拥护的尊位，坦然成为一个普通的农民，我们对自己的过去还有什么好念念不忘的呢？昨日的辉煌既然已成过去，就应该好好珍惜现在，把握将来。

即使你过去是老板，今天成了一个职员，你也得以职员的心态，尽一个职员之力出色地完成工作。如果你很能干，却不幸失业了，就忘掉过去的辉煌，好好地进行下一次的选择，重新开始新的拼搏……

总之，躺在过去的成就上睡大觉的人，只会白白地浪费时间与生命。反

之，只有永不满足的人，才不会在过去的成就上睡大觉，才会不断强大和进步。富兰克林人寿保险公司前任总经理贝克说："我奉劝你们要永不满足。这里的不满足是上进心的不满足。这种不满足在全世界的历史中已经促成了很多真正的进步和改革。我希望你们不要满足，我希望你们永远迫切地感到你们不仅需要改进和提高你们自己，而且需要改进和提高你们周围的世界。"

有一个很自负的年轻人对爱因斯坦说："您可谓是物理学界空前绝后的人才了，何必还要孜孜不倦地学习呢？何不舒舒服服地休息？"爱因斯坦并没有立即回答他的问题，而是找来一支笔、一张纸，他在纸上画了一个大圆和一个小圆，并对那位年轻人说："在目前情况下，在物理学这个领域里可能是我比你懂的略多一些，正如你所知的是这个小圆，而我所知的是这个大圆。然而整个物理学知识则是无边无际的。对于小圆，它的周长小，与未知领域的接触面也小，他感受到自己的未知少；而大圆与未知世界接触得多，所以更感到自己要学的东西多，会更加努力地去探索。"

忘掉过去的辉煌，把眼光投向未知的世界，才能开创新的辉煌。一个人应该以发展的眼光看待自己，既要看到自己的过去，又要看到自己的现在和将来。辉煌的过去可能标志着过去是英雄，但它并不代表现在，更不预示将来。

〉〉怎样规避睡在过去的成就里的错误

● 放宽眼界，学习别人的长处，看到自己的不足。不要老是盯着自己的成绩，多看看别人，通过比较，发现自己的不足，就会有进一步改进的动力。

● 时时抱有危机感。不同时期会有不同的困难与挑战，过去成功的一套并不能适用于任何时候与任何环境。

● 不要因自己的成就而产生满足感，要永不知足，给自己定下更高的目标。

轻 易 许 诺

——能否履行诺言关系着我们的人格和信用，许诺之前不能
不慎重

◎讨厌指数：★★
◎有害度指数：★★★
◎规避指数：★★

【特征】

1. 轻易用口头许诺来鼓励孩子或是下属，结果却不兑现。
2. 因一时高兴和冲动答应给别人某物或帮别人做某事，结果却不兑现。
3. 为了表现自己或是不得罪人，对自己难做到或做不到的别人的请求不加
   拒绝地答应。

　　古人说"一言九鼎"，许诺的分量更是如此。拿破仑说："我从不轻
易承诺，因为承诺会变成不能自拔的错误。"许诺是诚信的一部分，一旦
许诺落空，你的人格和信用就要受到别人的怀疑。
　　君不见，一些口头许诺已经成了我们的交际语言。比如：改天请你
吃饭、回头请你上哪玩。一些"天真"的人在眼巴巴地等待却迟迟不见

对方的行动之后，才终于明白是自己太傻，是自己太较真。果真是这些人傻吗？其实，这些口头承诺也应该慎重对待，一个人如果不能在小事上取信于人，到了真正的紧要事上，又怎能让人信服呢？要么就不要许诺，要是许诺就要兑现。

恋人之间轻易许诺而不兑现会造成感情破裂；老板对下属轻易许诺而不兑现会造成员工积极性下降；朋友之间轻易许诺而不兑现会造成友谊的破裂；尤其是父母对孩子的轻易许诺，如不兑现，不但会使自己的形象受损，而且对孩子的成长造成不良影响，因为孩子会有样学样。今天，你哄孩子听话，许诺他一样玩具或是说带他到哪玩，结果却以别的理由不予兑现，改天，孩子就会迫于压力答应你某个要求，而事实上却不实行。这样的结果，恐怕是你我都不愿看到的。

可很多人都在犯这样的错误，他们把"许诺"变为一时取悦别人和讨好别人的工具，图一时口舌之快，轻易许诺，使自己最后难以收场和下台。就像小品《有事您说话》中的那个"大能人"一样，凡是别人求的事都说没问题，吹牛说自己有关系能买到卧铺票，结果别人真求了他，他只好去火车站蹲了整整一宿。还有的人是不愿得罪人，把苦水往肚里咽，结果是"答应了别人，为难了自己"。要想当好好先生，一口应承下来，然后企图蒙混过关，结果还是失信于人，让人觉得靠不住，被人看不起。

既然允诺了某件事就一定要兑现，否则就不要轻易许诺，这不同于儿戏。

《吕氏春秋·重言》有载：

西周时，周武王去世了，他的儿子周成王即位。那时周成王还小，他的叔父周公辅佐他。

有一天，周成王和弟弟叔虞在一起玩，周成王从梧桐树上摘下一片叶子，削成一个上尖下方的玉圭形状，把它授给弟弟说："我拿这玉圭授你。"玉圭是古代诸侯举行隆重仪式时所用的一种玉制礼器，周成王将玉器授给弟弟，就意味着要封弟弟叔虞为侯。但当时尚年幼的成王却只认为这是他和弟弟间的一种游戏而已。玩耍结束后，叔虞拿着梧桐树叶剪的玉圭蹦蹦跳跳地走了，路上正巧碰到周公，叔虞就把刚才的事说了一遍。

当时周公除了辅政外，还负责教授成王各种帝王应有的礼仪。当他

听说成王把玉圭授给叔虞后，就去见成王说："天子把桐叶玉圭授给叔虞，就是封叔虞为侯，不知您准备把什么地方封给他？"成王惊奇地说："这是我和弟弟闹着玩的，怎么能当真呢？"周公听了，严肃地说："您虽是个孩子，但也是一国之君。国君一旦说话，是不能不算数的。"于是周成王按周公的教导，正式把方圆百里的唐地封给了弟弟叔虞。

可见许诺不能当儿戏，古时帝王如此，如今人与人之间亦如此。周成王随口给了弟弟一个承诺，虽然是当儿戏，还好最终履行了承诺，如果万一不能做到，对一个帝王来说，威信就难以建立了。古代的帝王拥有特权，要什么有什么，轻易承诺顶多让他们的老百姓遭殃，他自己没什么难处，但如今作为普通人的我们就不同了，有很多事是我们力不从心的。

自发的轻易许诺不可取，面对别人的请求，也不能轻易许诺。虽说在承诺与拒绝两者之间，承诺容易而拒绝困难，这是谁都有过的经验，但如果不考虑到自己的难处和能力，一时心血来潮或是碍于面子勉强答应了别人，结果不是做不到弄得双方不愉快，就是虽然硬着头皮做到了，但是给自己造成了巨大的负担。下面故事中的主人公就属于后者。

阿敏是一家商场的售货员，收入不是很高。她的好友芳芳刚刚进入一家保险公司做推销员。一天，两人见面后，芳芳向阿敏吐起了苦水，她告诉阿敏，如果她第一个月没有任何业绩的话就要再一次面临失业，虽然她每天都很勤奋地联系客户，但还是没有收到明显的成效。芳芳说她不想失去这份工作，因为像她这样没什么技能的人工作难找。芳芳用渴望求助的眼神望着阿敏说："阿敏，我在这边无亲无故，现在能帮我的人只有你了，你一定要帮我渡过这个月的难关，好吗？"阿敏很为难，虽然她有一点存款，可那是她几年辛辛苦苦挣下来准备买房子的钱。她想告诉芳芳自己现在还不想买保险，但她看着芳芳那无助的样子，心又软了，又觉得芳芳是自己多年的好友，第一次来求自己办事，不答应面子上过不去，于是答应了下来。结果芳芳让她买了10万元的保险，这除了让阿敏的存款所剩无几外，还使她每月付出她工资的1/3交余下的保险费，这样她不仅存不下钱，连生活都出现问题了。

轻易承诺确实能让我们有面子，可面子后面却是如阿敏般沉重的代

价。所以，做出承诺之前一定要三思。正如王蒙所说："一个人应该知道自己能够做什么，应该做什么，必须做什么，更应该知道自己不能够做什么，不应该做什么，不要做什么。"

美国前总统林肯的处世原则上就有这样一条：不要轻易许诺给别人，许诺以后就要兑现。

一天，林肯在自己的律师事务所清扫房间。这几个月来生意一直不好，林肯心里很着急，这种状况如果持续下去，事务所离关门的日子也就不远了。这时，一个满面愁容的贵妇人走了进来问："先生，您是这里的律师吗？"林肯答应着，让她坐下。女人很焦急，她告诉林肯，自己的小儿子阿姆斯特丹结识了一批恶人，整天与他们混在一起，其中有一个名叫福尔逊的，别人借了他钱，他要阿姆斯特丹与他一起去讨债。晚上，他们俩趁那人刚从酒店里喝得醉醺醺地出来时，把他劫持到一个僻静处，由阿姆斯特丹放哨，福尔逊审讯。那人声称自己没钱，福尔逊一气之下捡起一个酒瓶使劲朝那人砸下去，谁知，竟将那人砸死了。后来，福尔逊主动投案，竟诬陷阿姆斯特丹是杀人凶手。警方对此深信不疑，即将判刑。女人说自己跑了好几家律师事务所，但没人敢出来受理。最后她说："先生，救救我儿子吧！他是无辜的，如果官司打赢了，我决定付10万美元的报酬。"10万美元可不是小数目，这使正处于拮据中的林肯简直有点惊呆了。可是他还是不停地来回踱步，不说一个字。"先生，难道您不相信我的话吗？"女人有点失望。"不，尊敬的女士。我首先想到的是事实。事实是律师的金子，是律师行路的拐杖。所以，在没有获得事实以前，我只能是半个哑巴。假如您说的有确凿的证据证明是事实，那么事情就成功了，您的儿子就有救了。"女人沉默片刻，才说："您使我看到了生命的希望。"

后来林肯跋山涉水，历尽艰辛寻找与案子有关的线索，最后凭借铁的事实、超人的智慧和雄辩的口才，拯救了阿姆斯特丹，赢得了这场几乎已成败局的官司。

林肯在这场官司中，明知自己的当事人会出极高的价钱来挽救自己亲人的生命，但他仍然不轻易许诺。他会首先考虑官司成功的概率，有了足够的证据，他才会给出答案，并且他一旦允诺便会守信。

　　当然，拒绝别人的要求是件不容易的事。日本一所"说话技巧大学"的一位教授说："央求人固然是一件难事，而当别人央求你，你又不得不拒绝的时候，更是叫人头痛万分。因为，每一个人都有自尊心，希望得到别人的重视，同时我们也不希望别人不愉快，因而，也就难以说出拒绝的话。"

　　为同事或亲友办事，应该是自己应尽的责任，如果不帮他办，可能会感觉情理上说不过去。有时事情尽管很难办，也不得不勉强答应，但搪塞性的应承，可能会对自己不利。你可能没有考虑到，如果为了一时的情面接受自己根本无法做到或无法做好的事情，一旦失败了，同事、亲友或上司也不会考虑到你当初的热忱，只会以这次失败的结果来评价你。

　　如果你认为对方拜托你的事不好拒绝，害怕拒绝会使对方不高兴而接受下来，那么，你此后的处境就会更艰难。所以，办事要量力而行，自己觉得难以做到的事，要勇敢地鼓起勇气，说："对不起，我实在无能为力，您是否可以找别人？"或者说："实在不好意思，我水平有限，只能让您失望了。我想，如果我硬撑着答应，将来误了事，那可真对不起您了！"只有这样，你才算是真正会办事的人，否则，将来丢脸的肯定是你。

　　还有些事情，不该办时就不要去办，一旦办了，可能就违法、违情、违理，使自己或别人遭受名誉、经济上的损失或地位上的损害。当有人违背人格信念而托你办事时，你也绝不能因贪图一时之利，而不负责任地答应他、纵容他，一定要慎重考虑可能引起的后果。如果有人想整治别人，编造假的事实，求你出面作伪证，或者有人想让你同他一起干违法乱纪的勾当，假如你不想与其同流合污，就要有勇气拒绝这类十分无理的要求。

　　另外，有人请你代其完成工作时（如你的同事把自己分内的工作往你身上推），你应该委婉而明确地拒绝。因为，形形色色的人在社会舞台上都扮演着不同的角色，每一个人都有自己的责任和义务。既然承担了某种社会责任或契约，就应该践约。当他们不能完成任务时，你为他们分担责任，那你实际上就是明帮暗害，因为那样做不利于增强他们的自信心，助长了他们的依赖性。

　　还有，当你经过深思熟虑，知道答应对方的要求将会给你或他带来

伤害时，那么就要果断地拒绝，而不要为了面子问题，勉强地应承下来，这样对双方都无好处。

因此，当一些比较不错的朋友托我们办事时，不要为了保全自己的面子，或为了给对方一个台阶，而对对方提出的一些要求不加分析地答应。许多事情并不是你想办就能办到的，有时受各种条件或能力的限制，一些事是不可能办成的。所以，当朋友提出托你办事的要求时，你首先得考虑，这事你是否能办成，如果办不成，你就得老老实实地说自己不行。随便夸下海口或碍于情面答应都是于事无补的。

要切记，现在大多数人都喜欢"言出必行"的人，很少有人会用宽宏大量的态度去接受别人不能履行某一件事的原因。因此，承诺关系着你的威信、人品。古人云："轻诺必寡信。"对人承诺之前，一定要在心中掂量掂量，不要碍于一些小小的心理因素，便信口雌黄，违心应允。许诺是郑重的，当你无法许诺时，一定要拒绝对方。

〉〉怎样规避轻易许诺的错误

● 在许诺别人之前，要冷静地考虑一分钟，想一想这件事自己能不能办得到、办得好。把自己的能力与事情的难易程度以及客观条件是否具备结合起来统筹考虑，然后再作决定。

● 当别人请求你帮忙时，即使你知道自己帮不了忙，你也要热情相待。在听完对方的请求后，先对求助者的苦难和求援表示理解和同情，然后再坦诚说明帮不了忙的原因。如有可能，也可以帮助对方出一些主意或提一些建议，还可以提供一些别的求助线索。这样就能免除对方的误解，使他明白你是心有余而力不足。这样即使你帮不上忙，也不至于得罪人。

● 缓兵之计。说话留有余地，先不要用肯定的答复。如果你对事情把握不大，就应把话说得灵活一点，使之有伸缩的余地。例如，使用"先考虑一下"、"我不能肯定会办好，但我会尽力而为"等有较大灵活性的字眼。这种许愿能给自己留有一定的回旋余地。过一段时间，再打电话给对方，说："不好意思，能用的办法都用了，这件事没能办成。"

不坚持终生学习

——不坚持终生学习，势必会被激烈的竞争所淘汰

◎讨厌指数：★★★
◎有害度指数：★★★★★
◎规避指数：★★★★

【特征】

1.墨守成规吃老本，以为自己的知识已经够一辈子用的了。

2.缺乏紧迫感和危机感，懒于更新自己的知识结构，"大帮哄"混日子。

3.对新观念、新技术有抵触情绪，即使是学习也是流于表面不求甚解。

当今世界，知识经济蓬勃发展，科学技术日新月异，如果不坚持终生学习，不进行知识更新，就不能适应时代的发展。终生学习是适应21世纪发展需要的新理念。在学校里学习的基础知识是终生学习的脚手架。在知识爆炸，知识日益更新的今天，不坚持终生学习，犹如搭起脚手架而不盖房子，手中的证书只能成为隔年的皇历，终将被时代所淘汰，只有那些不断更新知识充实自己的复合型的、具有创新能力的人，才是现代社

会所需要的。

"断机教子"讲的是孟母鼓励孟子读书不要半途而废的故事。

孟子少年读书时，开始也很不用功。一天，孟子放学回家，孟母正坐在织布机前织布，她问儿子：《论语》的《学而》背得怎么样了？孟子嘴上回答说背诵了，可是翻来覆去总是背诵这么一句话："学而时习之，不亦说乎？"孟母听了又生气又伤心，举起一把刀，"嘶"的一声，一下就把刚刚织好的布割断了，麻线纷纷落在地上。孟子看到母亲把她辛辛苦苦才织好的布割断了，心里既害怕又不明白其中的原因，忙问母亲出了什么事。孟母教训儿子说："学习就像织布一样，你读书不专心，就像断了的麻布。布断了就再也接不起来了，学习如果不时时努力、常常温故而知新，就永远也学不到本领。"

孟子很受触动，从此以后，他牢牢地记住了母亲的话，起早贪黑刻苦读书，从不间断，终于成为伟大的儒学大师。

终生学习是人生走向成功的保证，不坚持终生学习者必将被激烈的竞争所淘汰。可以这么说，所有的人都是终生学习的实践者。每个人在学习和工作中，如果不及时补充新的知识和新的信息，就不可能占有优势地位。一个有较高学历的人只能说是准人才，比具有低学历的人有更快成为人才的优势，但若不坚持终生学习，不及时"充电"补充新的知识和掌握最新信息，也就不可能成为真正的人才，不会最后胜出。

丘吉尔说过："我无时无刻不在学习。"多么富有含义的话，一个领袖级的人物，对学习都是如此的态度，何况我们普通人呢？俗语说："读万卷书，行万里路。"也就是告诉人们，无论何时何地，都要始终如一地坚持学习，活到老，学到老。人如果不学习，即使你是一个天才，一样也会被淘汰。

孙敬是东汉人，他的学问已经很大了，但是，他还是经常关起门刻苦学习。他常常废寝忘食地学习，时间久了，疲倦得直想睡觉。他怕影响自己的学习，就想出了一个特别的办法。

古时候，男子的头发很长。孙敬就找来一根绳子，把绳子的一头绑在房梁上，另一头绑在头发上。当他读书疲劳时打盹儿了，头一低，绳子就

会牵动头发，这样会把头皮扯痛，马上就清醒了，然后他再继续读书学习。后来他成了著名的政治家。

苏秦是战国时期人，他在年轻时，由于学问不深，到好多地方寻职都不受重视。回家后，家人对他也很冷淡，瞧不起他。这对他的刺激很大。因此，他下定决心，发奋读书。他常常读书到深夜，有时很疲倦，会打盹儿，直想睡觉。他也想出了一个方法，他准备了一把锥子，一到困了的时候，就用锥子往自己的大腿上刺一下。这样猛然间感到疼痛，会使自己清醒起来，再坚持读书。就是这样的学习，使他后来成为著名的外交家。

孙敬、苏秦这种发奋学习的方式我们不必效仿，但是，他们这种努力学习的精神是值得学习的。对于每天白白浪费的大好时光，我们是不是也应该留一点给自己的学习呢？从孙敬和苏秦两个人学习的故事中，我们得出一个这样的结论：人若是不坚持终生学习，就不会有大的发展和好的前途。

人的一切能力，如为人处世、经营事业等等，都需要通过不断的学习来提高。圆满人生的八条法则中有一条就是终生学习。要想事业辉煌、人生成功，也只有不断地学习，才能提升自己的水平，才能改变命运、取得成就。一个人的前途、成就、幸福，归根到底取决于他所展现出的才能，这是他赢得一切的真正资本，而这才能，是靠不断学习而积累到的。

罗曼·罗兰告诉人们："财富是靠不住的，今日的富翁，说不定是明日的乞丐，唯有本身的学问才干，才是真实的本钱。"可是，现实生活中，有的人偏偏不懂得这一点。

军和强同在一家公司任职。一个同事被晋升为部门经理，两人很不服气，他们平时和这个同事关系不怎么好。几天后，军对强说："我要离开这个公司。"

强感到很突然，问："为什么？"

军说："我恨那个部门经理，整天指手画脚，让我受不了。你呢，走不走？"

强说："我现在不走，我不赞成你现在离开，部门经理是有可恨之处，应该给他点颜色看看，但是我们现在离开，还不是最好的时机，对我们

不利。"

军不解地问："为什么？"

强说："我要看他是如何成为公司独当一面的人物，并且向他学习。"

军感觉强说的在理，但是，他还是忍受不了现在的这个局面，终于离开了公司。

而强一边努力工作，一边留心部门经理的工作、处世方法，暗自向他学习。结果，经过半年多的努力学习，他有了许多的经验和忠实客户。等他再见到军时，告诉军说总经理跟他长谈过，准备升他做总经理助理了，他不想离开公司了。

如果强当初和军一样离开公司，那日后就没有被老板升职的机会了。他的升迁是向同事学习的结果。这个故事说明，值得我们学习的东西不仅是书本上的知识，在实际生活和工作中也有很多。如果因为别人拥有你想要的东西而不喜欢那个人，这是错误的，如果对他不友好或打击他，那更是错上加错，正确的做法是虚心向他学习，充实自己，这样才能成功。

一个人是这样，一个企业也是这样。

姚博明，这个爱丽芬集团的老总，为了补充更多的管理知识，四十多岁的他先进入浙江大学学习系统的工商课程，后来又成为中国名校清华大学的学生。

面对风云变幻的国际市场，姚博明这样说："我感到自己的压力越来越大，责任越来越重，必须不断地学习才能超越自我，适应企业的飞速发展。"

结果三年后，爱丽芬集团的年产值已经超过了六个亿，累计纺织品外贸出口值突破了一亿美元，企业的资产也在不断增加。姚博明还把学习当作企业员工的一项基本工作任务，其目的在于营造真正的学习风气，使爱丽芬集团自上而下形成了一股"善于不断学习"的风气。

养成终生学习的习惯，活到老、学到老，并向他人学习，形成一种互学互助的良好风气，这样才利于个人的进步和事业的发展。而古今历来有大学问的人，无不是终生坚持学习、虚心向他人学习的榜样。

孔子博学多才，经常带着他的弟子驾着马车周游列国讲学。

　　一次，孔子在去往齐国的路上，碰到几个孩子在道路中间，用泥土围了一座城。孩子们围绕着"城"嬉闹，当孔子的马车过来时，他们像没有看见似的，根本就不理会孔子，没有给孔子让路的意思。孔子的弟子子路在车上大声地斥责孩子："看见了马车过来，怎么不让路？"

　　孩子们停止了嬉戏，站在"城"和马车之间，和孔子对峙。其中一个相貌清秀的小男孩站了出来，跟孔子理论："我听说孔夫子知书识礼，晓天文，懂地理，可是你怎么连一般的道理都不懂得呢？从古到今，只听说车子绕城而行，哪里有城躲避车子的道理呢？你的车，还是绕城走吧。"

　　孩子的话，让孔子大吃一惊，他脱口问道："你叫什么名字？"孩子望着孔子，说："我叫项橐。"

　　子路觉得老师的面子有些过不去，就打算出个难题，来难为眼前这个调皮的孩子。他说："你的嘴这么厉害，敢不敢回答我给你提的问题呢？"

　　孩子无所谓的样子，说："你出题吧。"

　　子路就出了些难题给孩子："什么山上没有石头？什么水里没有鱼儿？什么门没有门闩？什么车没有车轮？什么牛不生犊儿？什么马不产驹儿？什么刀没有环？什么火没有烟？什么男人没有妻子？什么女人没有丈夫？什么天太短？什么天太长？什么东西有雄无雌？什么树没有树枝？什么城没有官员？什么人没有别名？"

　　子路的脸上露出得意的微笑，以为孩子回答不上来，可是项橐只是稍加思索，便不慌不忙地回答了他。

　　"土山上没有石头、井水中没有鱼、无门扇的门没有门闩、用人抬的轿子没有车轮、泥牛不生犊儿、木马不产驹儿、砍刀上没有环、萤火虫的火没有烟、神仙没有妻子、仙女没有丈夫、冬天白日里短、夏天白日里长、孤雄没有雌、枯死的树木没有树枝、空城里没有官员、小孩子没有别名。"

　　孔子正惊异于这孩子过人智慧的时候，却听他说道："我也问孔夫子一些问题吧。"

　　孔子笑道："好啊，你问。"

　　项橐说："鹅和鸭为什么能浮在水面上？鸿雁和仙鹤为什么善于鸣叫？松柏为什么冬夏常青？"

孔子不假思索地就说出了答案:"鹅和鸭能浮在水面上,因为它们的脚是方的;鸿雁、仙鹤善于鸣叫,因为它们的脖子长;松柏常青,因为它们的树心坚实。"

项橐立刻用嘲弄的口吻反驳了孔子:"龟鳖能浮在水面上,它们的脚方吗?青蛙善于鸣叫,它们的脖子长吗?胡竹冬夏常青,它们的茎心坚实吗?"

孔子在孩子面前再也无话可说。

孩子们哈哈大笑后,跑走了。子路望着孩子的背影,不服气地说:"老师,您真应该教训他们一下,小毛孩子,您随便说点什么都能把他们镇住。"

孔子说:"不,如果我不承认自己不懂,我怎么能学到这些东西呢?"

孔子是何等的聪明有才智,但却输给了一名孩童,并表示还要向他学习。这故事虽然近似戏言,但却让人深思:再聪明的人,都有不懂的要学习的知识、都应该坚持终生学习。

"学无常师",随时随地向他人学习,取人之长,补己之短,才会成才。天下的学问是学不完的,任何一个人身上都有优点,只要谦虚,肯向他人学习,就一定能学到真正深厚的学问。好学永远是做大事之人应该遵循的法则。古人云:"三人行必有我师。"就是告诉人们要以勤学、好学的态度来规范自己的言行。

偶然的机遇不足恃,到手的财富不足恃,唯一可靠的保障是知识才能。那么,它从何而来呢?答案只有一个:从学习中来,诸葛亮在《诫子书》中给出了这样的答案。玉不琢,不成器;人不学,不成才。一个人,从一生下来就开始学习说话、学习走路、学习做事、学习一切。如果不学习,就不能成为一个真正有本领的人。歌德说得好:"人不是生来就拥有一切,而是靠从学习中所得到的一切来造就自己。"人非生而知之、生而能之,皆是学而知之、学而能之。因为没有哪一个人的才能,不是靠坚持学习得来的。

成功者往往都是善于学习、终生学习的受益者。不学习,犹如搭起脚手架而不盖房子,终将被岁月所侵蚀,剩下一具空壳在那里。如果不坚持

终生学习，势必会出现"知识荒"，出现事业危机。

宋朝思想家朱熹说过："无一人不学，无一时不学。"一切都必须从学习开始，如果你今天不学习，那么明天就要被淘汰。这就是现实，这就是竞争。

有人提出"终生学习"的理论，即一个人的学习，不能只限于人生的某一个时期，而必须终生学习。新希望集团总裁刘永好也提出一个关于学习的新观点："不学习，就死亡。"他把学习视为日常必修课，他随身携带一支笔和一个本子，把学习到的东西都记在上面，并且每年把1/3的时间用于同国内国际优秀人士交流。

在学习的道路上，有的人成功了，有的人失败了，他们的差别就在于是否能持之以恒，锲而不舍。

人人都希望成功，别把成功看得高不可攀，其实成功离我们很近，却不是一步就能迈到的，这其中，终生学习就是桥梁。只要每天肯学习一点点，成功就会离我们越来越近。

在这个学习决定命运的时代，学习能力是一个人的真正看家本领。无论是对个人还是对企业，学习如同一日三餐，万万省不得。

〉〉怎样规避不坚持终生学习的错误

● 根据自己的目标、工作，制订学习计划，掌握所要用到的知识。

● 学习是不容易的，坚持有效地学习，就能改变不如意的现状。

● 学习时，遇到困难要坚持不懈，尤其是在遭受挫败的时候更要坚持到底。

● 树立终生学习的观念，勤于学习，善于学习。

介入派系争斗

————一旦介入派系争斗，无论输赢你都是受害者

◎讨厌指数：★★★
◎有害度指数：★★★★
◎规避指数：★★★★

【特征】

1. 加入办公室某个政治"小团体"，不分原则地敌视一方支持另一方。
2. 心存"背靠大树好乘凉"的想法，期望通过介入派系而撑起自己的关系网。
3. 由于个人爱好，身不由己地与某些人走得很近，与另外一些人比较疏远。

常言道："商场如战场。"职场也是如此，只是职场的战斗没有火药味，没有硝烟弥漫，有的只是变幻莫测的争斗。一个公司不管规模大小，只要超过 3 个人，就会有"结党营私"的情况出现。由于背景相近（同期进公司、同校情谊）或志趣相投（喜欢逛街、爱打高尔夫球、爱聊八卦）等，很容易形成"小团体"。除了这些因素，共谋彼此利益也是形成派系的原因。最常见的情况是，谁是谁推荐进入公司的，或谁是哪个上司提拔重用的，

就会自动被人贴上某派系的标签，所有的人就都会认定他是属于某派人马。这种情况下，即使他本人极力否认，也无法改变别人先入为主的观念。

要不要加入公司里的"小团体"一直是职场中人的共同困惑，但从个人长远发展角度看，介入派系争斗，既耗费时间和精力，又容易成为派系争斗的牺牲品。

小刘以前在一家规模不大的股份制公司工作，由于年轻、肯吃苦、专业知识过硬，很快成了公司不可缺少的技术骨干，老总和副总都先后对他表示了栽培之意。小刘高兴极了，心想自己的成绩得到了领导的肯定，前途一定是不可限量。

可是时间不长，就有老员工悄悄给他递话："你没看出来啊？老总和副总不和，站哪边，你看着办吧……"小刘懵了，刚从学校出来，遇到这种事情，还真不知道该怎么处理。他仔细盘算了一番，决定严守中立，任何一方都不掺和。"只要干好自己的本职工作，谁能挑我的刺？"小刘想。

公司小，老总和副总都喜欢越级交代工作。虽然任务压得人喘不过气来，但小刘决定，宁可自己加班加点，也要做到两边不得罪。几个星期下来，小刘累得够呛，但两位领导似乎并不怎么领情。

他们开始变得热衷于教训他，常常是他前脚迈出总经理室，就被隔壁的副总经理叫去，换个角度、换套说辞再骂一遍。小刘不知道，自己辛辛苦苦，到底做错了什么？

百般烦恼之际，部门经理看不下去了，走过来点拨了一下："公司现在离不开你，你帮谁，谁的位子就坐得牢。你都不帮，两边都得罪，何苦？"

小刘冥思苦想了一整夜，终于想通了：受夹板气的日子太难受了，还是得找个靠山，通俗地说，就是得有人"罩"着。他想，当初是老总一眼相中他的，有知遇之恩，今后就跟着老总吧！

第二天，副总又过来交代任务，小刘一反常态，冷冷地说："您今后有什么事，还是向我的经理交代吧，需要我做的，经理自然会分派。"副总一怔，悻悻地走了。

从此以后，小刘的日子的确好过了很多。副总再想找他的茬，老总总会挺身而出为他说话，他终于体会到"大树底下好乘凉"的滋味了！

但是好景不长，这天下班，老总邀请"老总派"全体人员去唱歌。大家正唱在兴头上，老总突然接过话筒说："今天，我递交了辞职报告。"大家顿时惊呆了。

原来，老总在和副总的斗争中落马了，副总取得了董事会的支持，马上要扶正，而老总只能出局。老总告诉大家，他将去另一家公司担任老总，希望大家都跟他一起走。

小刘的心很乱，他不愿意走，作为元老和技术骨干，公司从无到有、慢慢发展壮大，每一点成长都浸透着他的心血。这次老总带走一大半人马，公司无疑会受到重创，自己真是不忍哪。

这边，小刘还在为公司的命运伤怀；那边，老总和副总已经轮番上阵，展开了攻心战术。副总说，只要你留下，我不计前嫌，升职加薪不在话下；老总说，副总这人睚眦必报，你留下不会有好日子过，跟着我，保证不会亏待你。

思想几番拉锯之后，小刘的天平还是向老总倾斜了。他想，这时候改换门庭，不会被人说成是见利忘义的墙头草吗？

老总说到做到，果然对小刘相当照顾，让小刘如沐春风。小刘迅速适应了新公司的节奏，并再次成为技术骨干。但没过多久，他又苦恼地发现，新公司的矛盾仍然处处暗流涌动、凶险非常。

这天，老总和一个部门经理 B 起了摩擦，当场翻脸。下班时分，B 约小刘去酒吧喝酒。小刘没看见吵架一幕，不了解情况，心想同事之间，喝喝酒又何妨？于是就去了。

没想到第二天一上班，就有同事把他叫到一边，说："你真不怕死呀？怎么跟 B 搅在一块？B 今天当着所有人的面找老总摊牌了。他说，你最得力的手下都和我私下交好，你镇得住谁？"小刘一听，心口一下子凉了半截。

小刘决定赶快找老总说个清楚。他推门进去，老总倒像什么也没发生过一样，笑容可掬地请他坐下，亲切地说："最近公司准备抽人去外地分公司搞技术支持，你是个人才，我准备派你去。你要珍惜这次机会啊，很能锻炼人的……"

小刘头皮"嗡"一下，原来，不知不觉中他又卷进了派系争斗。

小刘本来是一个很有前途的技术能手，但是他因没有掌握好做人的原则而成了公司派系斗争的牺牲品。从表面上看，小刘有点"倒霉"，但实际上这些都是他自己造成的。背靠大树的做法，本身就有投机的成分在里面，而投机往往会使人失去理性而掉入公司派系斗争的漩涡。

如果你在职场中遇到跟小刘一样的情况，比较合理的做法是应该坚定自己的信念，充分相信公司的公正性。不管是做人也好，做事也罢，投机的想法容易把你置入两难的境地，对此一定要加以注意。

你可能会说，要想任何一个团体都不加入太难，总会有人找你碴的。其实，你也不用太担心，如果懂得人情往来，你就可以在他们之间游走自如，避免在派系间的"抢人大战"中把自己弄得灰头土脸。

张曼投简历、面试、笔试……好不容易从一个大学生变成了白领。可去公司上班之后她才明白，要想在这里成功可真不是件容易的事。她暗自感叹：你的出色就意味着"老员工"们的失色，即使开会迟到半小时也不会得到忠告，大声在办公室里打私人电话也没有人会提醒你，他们甚至连传真机放在什么地方都不会主动地告诉别人……

出人头地是张曼的目标，可她并不心急，只是把目标藏在心里。在公司里，张曼一直隐而不发，也从来不参加任何"小团体"，大家从不视她为目标。但在私下里，她却经常与部门主管沟通，并通过别人向老板传递这样的信息：他有一个叫张曼的员工，而且客户都认为她很出色。

老板曾特意问过她的部门经理，谁是张曼，当然老板听到的还是赞扬。张曼对工作也非常的努力，不停地钻研业务、开发客户……在年终的绩效考评上，谁也没有想到平时表面上一言不发的张曼成了公司的销售冠军。张曼因此不仅得到了不菲的奖金，而且春节后还顺利地当上了销售部副主任。

通过张曼的故事，我们不难得出这样一个道理：只要你有能力，即使你是新人也没有必要加入公司原有的派系团体中，去依靠"小团体"给自己撑起半边天。或许投靠是一时的对策，但是如果你陷入了派系的漩涡，就有可能会使你在明争暗斗中精疲力竭，这样又如何有精力把工作做得出色呢？你要知道"靠人永远不如靠自己"。

那么，公司上层为什么会如此厌恶"小团体"呢？

　　首先，上司会认为"小团体"里的人公私难分，如果提拔了圈内某个人，而与之较好的同事"哥儿们"就有可能得到偏爱而被放纵，这不仅对公司的事业不利，对其他员工也不公平；其次，上司还担心"小团体"里的人"不忠诚"——经常聚在一起的人气味相投，若上司对其中某个人批评或扣奖金，或其中某个人与别的同事发生矛盾，那么"小团体"里的几个人就有可能联合起来对付上司或其他同事；还有，如果公司想给其中某个人单独奖励，这个人很可能就会泄漏给"小团体"内的朋友知道，而公司这种额外的奖励不是每个人都有的，其他同事知道后肯定会认为上司不公，这也影响到公司的团结和公司奖惩制度的正常运作。

　　一般说来，上司对"小团体"总是抱着不信任的态度，对于"小团体"里的人当然多有顾虑。当你新进公司时，切不可随便加入为己牟利的团体中，你应该既要表现得友善大方并主动与人交际，又要察言观色与公司中已有的"小团体"中人保持一定的距离，否则你就会很快落入"小团体"的陷阱，让上司或公司上层觉得你在搞或参加了派系斗争。比如你邀请了同事共进午餐或晚餐来表达你愿意配合同事工作的善意，并寻找机会请教工作上的问题这本无可厚非，但是，你借此常邀三五同事聚在一起，或唱歌，或逛街看电影，或聚会玩牌，久而久之，情谊加深，你就有可能形成自己的"小团体"。如果上司误认为你的"小团体"是公司派系斗争中的一支而把你列入了黑名单，那么你也就只能等着倒霉——或被开除，或根本得不到加薪升职的机会。

　　"小团体"在每个公司中都存在并被分成了各种派系，作为职场中人，我们如何避免卷入这样的漩涡中呢？

　　首先，你应该知道职场中的各种派系类别。职场中的派系划分最常见的莫过于"元老派"与"新秀派"这两种，所谓"元老派"的争斗主题主要是"捍卫主权"；而"新秀派"的争斗主题则是"拓展权力"。两派的争斗实质不外乎是争夺利益和权力。

　　一边是创业的"元老"，自认为劳苦功高；一边是公司里的新锐，后起之秀。这种派系斗争最易耗费你的精力，其表面特征常常为：元老与新秀桌面握手，台下踢脚，或者各自为政，双方暗地交兵。

　　李霞来到了一家国有企业。经过一段时间的工作，她对公司的同事已经有了大概的了解。她和一些与她一样刚进入公司不久的新人处处被公司里的老员工压制着，得不到表现的机会，这样无形中公司内就形成了两大派系——"元老派"与"新秀派"。"元老派"里有一个吕大姐，负责活动策划，她跟其他"老同事"都有说有笑，唯独对李霞他们这些"新人"不冷不热。

　　一天上午，一个活动策划进行最后定稿，大家都聚在一起讨论策划方案，研究可能出现的问题，并对方案进行修改。李霞发现其中一个环节有点问题，说道："这个活动由厂商赞助，是不是让他们反馈一下意见？"别人还没有说话，吕大姐就不高兴地说："原来的活动都是这么做的，有什么问题？我们公司这样的活动做得多了，你才来没多久，可能不太了解吧！"

　　听着吕大姐不太客气的回话，李霞觉得有点委屈：就算她比自己进公司早，工作时间长，也不能"倚老卖老"，不接受别人的意见啊！李霞忍住心中的不满，继续说："厂商出钱了，让他们在活动开始前跟观众见面，能够加深他们在大家心目中的印象，再说，对他们也是一种尊重。"李霞平心静气地说着。吕大姐不说话了。

　　几天后，活动策划方案批下来了。李霞一看，她的建议被加了上去。她找到吕大姐，真心实意地说："谢谢你采纳我的建议。吕姐，以后还得请您多指导！"

　　吕大姐向她露出了罕见的笑容："谢什么！大家都是为了工作。你的想法不错，以后要继续努力！"

　　任何一家公司里像吕大姐这样的老员工都不在少数。他们自认为资格老，和公司一同打拼过，经历的事情多，是某一方面的"权威"，不容易接受别人的意见，尤其不把李霞这样的新人放在眼里，认为他们经验少、年轻、冲动，不能够委以重任。

　　遇到这种"倚老卖老"型员工，千万不能低头"妥协"，唯唯诺诺，那样只会让人更瞧不起你。你必须要动之以情，晓之以理，并且在事后要向他们虚心请教，真心感谢，就像李霞那样，给这种老员工一个台阶下。切不可联合公司一些与你一样"受委屈"的同事暗地里与"老员工"较劲，如果是这样的话，你就会卷入公司的派系斗争，于己于人都没有好处。

在职场中，"嫡系"与"非嫡系"的两种派系争斗也是办公室的一大主旋律。

很多公司老板都会培养自己的亲信，日久天长"嫡系派"自然产生。当然，"嫡系派"不一定都权力在握，但他们在公司内的影响力却非同一般。而"非嫡系派"往往会因看不惯"嫡系派"唯老板马首是瞻、狐假虎威的做派而与之叫板。

蔡华跳槽进了新公司，让他想不到的是，自己仿佛掉进了一个斗争的"漩涡"：公司里有"保皇派"和"实权派"两大派，这两大派派系分明、暗流涌动。

刚进公司的蔡华好像突然打破了公司派系间的均势，成了"两路人马"争相拉拢的对象。

蔡华不动声色，暗中琢磨。没多久，他就公开站在了业务部副经理小林一边，因为他了解到，小林不仅是部门副经理，还是公司董事长同母异父的弟弟，这个消息在公司内部几乎没有人知道。

为了接近自己选定的这个"平台"，从不抽烟的蔡华竟总陪着小林抽烟聊天。很快，两人便成了知己，在公司里小林处处帮着蔡华说话，还在很多事情上为蔡华"指点迷津"。

一年多以后，小林身份公开，成了业务经理兼公司董事，而刚进公司没多久的蔡华顺利地爬上了小林原来的位置。

大凡在职场中摸爬滚打了一段时间的人，都不会否认"办公室政治"的存在。办公室里同时存在着两种主要关系：一是由工作而产生的合作，一是由晋升而产生的竞争。

派系斗争不仅存在于国内的很多公司中，在很多大型跨国企业里也有愈演愈烈的趋势。只要有利益的地方就有斗争，公司越大，越往高层，斗争就越激烈、隐蔽。这些派系之间势力彼消此长，各具优劣，谁也无法完全控制企业。

因此，即使你在国外大型跨国企业里上班，也应该认清自己所处的地位，并尽量避免卷入派系斗争的漩涡之中。

作为职场中人，你要在与同事相处之前，就先了解公司内的人际关系。

不仅要练就一双慧眼，避免成为派系争斗的靶子和牺牲品，又要巧妙处理与各派系之间的关系，既不能疏，也不能亲。做好本职工作，提升竞争力才能使自己立于不败之地。保持中立是绝佳法则。

〉〉怎样规避介入派系斗争的错误

● 作为职场中的新人，老员工对你的工作提出意见，你要虚心接受并力求做到最好，这样老员工就会十分欣赏你，也会把公司中的派系关系向你说明。这也是作为新人想要避免派系斗争的一个最简单的方法。要想获得这种老员工的好感，不用奉承，不用套近乎，只要兢兢业业地做好自己的本职工作就行了。

● 新人容易因想法过于天真而被老员工当成菜鸟，这样不但常闹笑话，而且容易让主管产生坏印象。作为新人，你需要知道人际关系是一门很深的职场学问，谨守少说多听、累积人脉法则，避免牵连在派系斗争中，被流弹波及而影响未来前程。

● 职场之上，最终还是要靠实力说话的，把本职工作做好的同时，不要忘记与同事搞好关系，特别是对资历老的员工更需要在工作之余表示出自己对他们的关心。你可以不动声色，但不要盲目加入任何派系中去，以免卷入派系斗争的漩涡里。

将商业秘密泄露给竞争对手

—— 无论是从法律还是从道德的角度来看，这种行为都无异于
自掘坟墓

◎讨厌指数：★★★★
◎有害度指数：★★★★★
◎规避指数：★★★★★

【特征】

1. 受利益驱使，将商业秘密泄露给竞争对手。

2. 为泄私愤或打击报复，将商业秘密泄露给竞争对手。

3. 因要离开原单位，为了讨好新老板而将商业秘密泄露给竞争对手。

4. 发表论文、作产品介绍等，无意间将商业秘密泄露给竞争对手。

　　商业秘密是能够给企业带来巨大经济利益的无形资产。这种无形资产带有一定的垄断性，往往可以使企业在一定时间、一定领域内获得丰厚的回报。正是因为如此，商业秘密对其他企业来说有着极大的诱惑力，这样必然导致灰色、黑色市场的出现，即个人、企业甚至国家，以不正当手段去进行灰市甚至黑市买卖。

能带来经济效益，是商业秘密的主要特征。它不像军事秘密那样具有绝对的保密性，但也是行业竞争的一种有力武器，常被人们利用。时常看到有关商业秘密泄露引起纠纷的新闻报道，其中大多数都与个人利益、人才竞争有关系。

先看看下面几个例子：

张某是东北一家"好又多"百货商业广场有限公司的资讯部副部长，由于母亲有病急需要一笔钱，使他为了15万元的利益，将公司的供货商地址、商品购销价格、公司经营业绩及会员客户通讯录等资料卖给了"好运多"商场，致使"好又多"客户流失严重，经营业绩大幅度下跌。"好又多"就将张某连同"好运多"商场告上了法庭，并索赔400万元。"好又多"公司维护了自己的权益，追回了损失。而那个张某，也受到了法律的制裁，法院一审判决其侵犯商业秘密罪成立，判处有期徒刑7个月。张某不仅没有帮母亲治好病，反而使老母亲病情加重，最后因医治无效而死亡，弄了个鸡飞蛋又打。

商业秘密涉及巨大的经济利益，甚至关系到一个企业的生死存亡。而泄露商业秘密是一种严重的经济犯罪。我国的《反不正当竞争法》已明确规定：非法获取商业秘密，披露、使用或允许他人使用非法获取的商业秘密，合法掌握商业秘密的人员非法披露、使用或允许他人使用其所掌握的商业秘密以及第三人明知或应知上述情况仍获取、使用或披露他人商业秘密的四种行为，均为《反不正当竞争法》所禁止和打击的。

一家主营鱼翅的酒店就要开业了，开业之前，该酒店不惜重金在社会上聘请主厨，待遇当然是十分的优厚，令人垂涎，同时竞聘的人也很多。

有一个姓许的厨师，他本来已在一家酒店做厨师，但是，他却经不起那优厚的待遇的诱惑，决定跳槽。可是应聘的人很多，他为了在竞争中夺魁，私下将原酒店特有的鱼翅烧制方法带给了新酒店，条件是首先录用他。许厨师当然如愿以偿了，他以身体不适为理由，向原酒店递交了辞职书。

事情无巧不成书。许厨师自以为自己的行动很保密，但还是被原酒店的一个人偶然发现了，并马上报告给了酒店领导。领导们商议后，决

定先不打草惊蛇，而是积极搜集证据，等证据充分时再依照法律程序解决这个问题。

这样，一个月过去了，在许厨师不知道的情况下，原酒店领导已经得到了有关的物证、书证、录音、录像等证据，突然起诉许厨师和那家新开业的酒店，将他们送上了法庭。

任何时候，任何人参与竞争，想取得好的成绩，不是通过自身的努力，而是采取这些不正当的手段，这样不仅会严重违反公平竞争的原则，也会损害自己的道德名声，落得个名利双失。

这让人想起一个关于美国总统罗斯福的小故事。

罗斯福在当海军助理部长时，有一天，一位好友来访，谈话间朋友问及海军在加勒比海某岛建立基地的事，要罗斯福告诉他，所听到的有关基地的传闻是否确有其事。朋友要打听的事在当时是军事秘密，不便公开，但既是好朋友相求，那如何拒绝是好呢？

罗斯福压低嗓子向朋友问道："你能对不便外传的事情保密吗？"

"能。"好友急切地回答。

"那么，"罗斯福微笑着说，"我也能。"

朋友恍然大悟，就不再多问了。

任何时候都不能指望别人就某事守口如瓶。你可以跟好朋友说，他也会同样地跟他的好朋友说，唯一的解决办法就是"打死我也不说"。

罗斯福就是凭借这种做人的标准，一步步成为美国总统。在任何秘密面前，都不要失掉做人的准则，这是一切事业兴旺的前提，是取得他人信赖的基础。

在竞争日趋激烈的环境里，无论是谋职还是取利，都让人们感到越来越艰难。但是，难也应该走正路。俗语说：君子取财有道，成材有方。而靠泄露他人商业秘密来达到自己目的的办法是不值得提倡的。并且这样的人也没有一个是以好的结局收场的，除经济的赔偿外，有的甚至受到了法律的制裁。

上海化工院是国内唯一一家生产 15 N 标记化合物的单位，15 N 技术为该院的自主知识产权，被认定为上海市高新技术成果转化项目。为

研制这一高科技产品，该院先后投入上千万元的资金，科研时间长达数十年之久，已达到国内领先、接近国际先进的技术水平，被列入秘密而存档。

但是，熟知 15 N 生产技术的化工院职工陈伟元、程尚雄、强剑康从单位辞职后到埃索托普公司工作。此后上海化工院发现，埃索托普公司的 15 N 生产装置、工艺路线、流程与化工院完全一致。同时，埃索托普公司还向化工院的国内外代理商用发传真、送样品等方式，低价提供 15 N 标记化合物。这些行为都严重影响了上海化工院产品的销售，对该院造成巨大的经济损失。

上海化工院以侵害商业秘密为由，将陈伟元、程尚雄、强剑康 3 人以及埃索托普公司告到上海市第二中级人民法院，要求 4 名被告停止侵权，赔偿经济损失 230 余万元，并由 4 名被告承担连带赔偿责任。

茫茫众生，皆为利来，又为利往。没有随随便便就可以得到的便宜。古语说："君子爱财，取之有道。"志洁之人，能安心于事，得应得之利，不期求意外之财，否则因财得祸，就追悔莫及了。

前面说的是一种故意、有目的的泄露商业秘密的现象，还有一种不是故意泄露的，没有目的，只是疏忽。但是尽管这样，造成的后果却是和前面的一样严重。

例如：有的人在接待外单位人员参观时，缺乏警惕性，没有做到内外有别。由于急于谈判成功，过分热情地接待对方，无意中造成商业秘密的泄露。

一德国客商要到山东某工厂购买工具，谈判之前外方提出了参观工艺流程和关键的生产流水线的要求，厂长很热情地接待了这个外国客商。在参观中这个外国客商又提出要摄像，厂长也同意了。这样，这个德国客商把该厂十多年研制出的最新工艺技术全都录了像。该厂的商业秘密在友好声中不知不觉地泄露给了外方。

半年以后，厂方才知道这个客商的公司已经生产出和他们厂一模一样的工具，但为时已晚。

像这样在不知不觉中泄露秘密的，还有另外一种形式，即离岗人员被另一个单位聘用而泄露商业秘密。下岗回家的人，在有别的单位来人

看望关怀的情况之下，会十分感动，当有人聊起原来工厂的商业秘密时，他们就会在无意中说出去。

还要说一种特殊的泄露商业秘密的形式，那就是在发表学术论文或是做产品介绍时无意泄露了秘密。

重大的商业秘密关系到一个企业的兴衰，小的商业秘密关系到经济利益的得失。商业秘密具有如此重大的价值，许多企业不但已经认识到了商业秘密的重要性，而且也已经建立起相应的商业秘密保护制度。

人们追求金钱和利益是无可厚非的，但是，应该通过正当的途径获取。将商业秘密泄露给竞争对手，或许你会获得暂时的利益和满足，但从长远来看，那些利益与你所丧失的诚信或所受到的制裁相比，就太微小了。忠诚远比能力重要，因为，老板喜欢对他忠诚的人，会给你一个升迁的机会，而你的善行，也终究会得到回报。

〉〉怎样规避将商业秘密泄露给竞争对手的错误

● 一些关键人员如果想跳槽，就要想方设法留住。对于公司决策者来说，谁是关键员工，应该了然于胸，及时掌握关键员工离职后的动向。

● 随着市场竞争的进一步加剧，竞争对手之间的保密工作也日趋重要。制定企业商业秘密的措施，建立保密制度，维护企业的商业秘密。

● 加强对有关企业人员的保密教育，树立保密意识。

● 对于公司的一些重要商业秘密，越少人知道越好。

扫码获取
更多资源

人一生不可不防的人生错误